まちの健康回復に芝生の力を活かす

グラスパーキングの科学

Conversion of Carparks from Hard-Paved to Turf-Paved
for Healthy Urban Environments

伊藤幹二・伊藤操子
Kanji Ito and Misako Ito

特定非営利活動法人グラスパーキング「駐車場芝生化」技術協会　企画

さまざまな場面に活躍する芝生たち

（　　）内は撮影地

都市公園の広場に（つくば市）

樹木とともに（伊那市）

社屋周りに（神戸市）

ゴルフ場フェアウエイに（稚内市）

大学キャンパスに（神戸市）

里山にできたゴルフコースに（鳥取県）

学校の校庭に（群馬県藤岡市の小学校）

水田大型畦畔に（滋賀県）　　　　　スポーツターフに（甲子園球場）

屋上の修景に（京都市のホテル）　　　遊歩道に（沖縄県竹富町リゾート）

グラスパーキング —成功と失敗—

＜芝生化しているグラスパーキング＞　（造りたてのものは含まない）

芝が伸び伸び生きられる車輪部補強タイプ。タイヤ受けをしっかり支えるのは細砂の床土。

＜芝生化していないグラスパーキング＞

狭いところに閉じ込められ苦しんでいる芝。芝生は当然衰退。緑被率も最低。

固めた土とプラスチックマットの上で苦しんでいる芝。
左：施工５か月目（９月）だが芝生はほぼ枯れている。緑に見えるのはマット。

芝生が見えないグラスパーキング。

芝は太陽光も雨も欲しいが、常時駐車の下では全くその恵みがない。

まえがき

　本書を著わすことにした直接の動機は、あるとき日本全土にわたりまちとよばれる地域（都市・市街地）の大半が、不透水物にすっぽり覆われている現実に気づいたからです。いろいろな地域をグーグル・マップの航空写真でみてみると、愕然とします。確かに、それぞれに使途のある建築物や道路、鉄道等の必要不可欠な不透水施設・平面もありますが、とくにアスファルト・コンクリートで覆う必要のない平面も多いことがわかります。つまり、これは私たちが、どこにでも車を走行・駐車しやすいこと、敷地内平面の清掃や除草の手間が省けることなどの利便性を第一義的に選択した結果、起こっていることなのです。しかし、その便利さと引き換えに、地表面に貯熱・蓄熱性の不透水面を張り巡らせることに起因するまちの暑熱化と水循環異常は、熱中症、内水・外水氾濫、汚染・汚濁物質の拡散などという形で生活者を苦しめています。この深刻な問題について、私たちには被害者意識はあっても因果関係には無関心であり、専門家による的確な指摘を目にすることもありません。しかし、不必要な平面舗装をできる限り減らすことは、直面しているまちの環境劣化から私たちを守るための喫緊の課題です。では、どうすればよいのでしょうか。

　日本のまちを覆う様々な不透水面のうち、駐車場用の平面舗装および様々な施設における一部に駐車場所を備えた舗装敷地面は、都市・市街地域の中でかなりの部分を占めています。過去10年間の自動車保有台数はほとんど変化がないのに対して、駐車場総台数は約1.5倍に増加しており、そのほとんどが、地方公共団体の条例で設けることが定められている付置義務駐車場です。また、放棄地・未利用空地の管理を容易にするために、とりあえず駐車場にしているところも散見されます。このように過度に設置されている駐車場の中には、すでに不用になっているところもあると思われますが、必要な駐車場も環境負荷を我慢しながら舗装状態を継続する必要が本当にあるのでしょうか。

　本書における提案は、これらの駐車場の芝生化、つまり、不透水性のアスファルト・コンクリート面を可能な限り土壌と植物で構成される被覆、すなわち芝生に置き換えることです。持続性のある健全な芝生の環境保全機能、そして踏圧などの物理的ストレスに対する芝生の耐性は、芝の広範な使途と長年の歴史から見て疑いの余地のないものです。したがって、駐車場を芝生化すると

いう発想自体は正しいはずです。しかし、日本で駐車場の芝生化が試みられてから、もう20年以上経過するなかで、残念ながら大半は芝生の持続化に失敗し、この試みへの不信と疑問が残る結果となっています。しかし、持続性のある芝生化駐車場の整備は、本当はそれほど難しいことでも、コストの掛かることでもないのです。これまでの失敗は、すべて‘造っておしまい’の考え方（多くは設置や補助の責任者である公共団体）と設計・施工における生物科学・技術（とくに芝生学）の専門家の不在によるものといえます。今回、植物科学者である私たちが、あらためて本書をもって駐車場芝生化を普及することを目指したのは、過去の失敗を成功に変えられる手立てを提供できると考えたからです。

　著者ら駐車場芝生化へのかかわりは、地元兵庫県（NPO法人グラスパーキング技術協会発祥の地でもあります）において、「ヒートアイランド対策推進計画」が策定され、そして、「駐車場の舗装改善・芝生化」を都市の高温化の問題への総合的な対策として推進されることになり、その企画に参画したことに始まります。確たる技術データがなかったことから、舗装駐車場の芝生化とその維持管理技術を精査・選定することを目的として一般公募がなされ、2005年、企業団体40社が参加して検証実験が始まりました。この事業は2009年、「ひょうごグラスパーキング（芝生化駐車場）普及ガイドライン」の公布をもって終了しましたが、そこには得られた実験成果の確実なところが残念ながらあまり反映されていません。そこで、メンバーに植物学や芝生学の専門家も擁した私たち有志で、技術団体（現在のグラスパーキング技術協会の前身）を設立し、検証実験や既成芝生化駐車場の問題点や失敗例を独自で検証・解析することにしました。蓄積した情報はNPO法人グラスパーキング技術協会（2012年設立）で大切に保存してきたものの、それをいかせない社会的仕組みの中で数年が経過し、今日に至りました。

　本書は、大きくは前半の「基礎編」と後半の「応用編」に分かれています。「基礎編」は、今日の私たちの生活圏で進行している深刻な環境劣化が、実はまちの表面の大半を舗装で覆ってしまったことにある事実を、背景や関連要因から解説しました。また、駐車場芝生化において主体をなす二者、すなわち舗装駐車場と芝生というものについて、その本質を紹介するとともに、それらの合体となる駐車場芝生化の本当の意義、および‘芝生’を知らないが故に生じた過去の累々たる失敗の社会構造的・科学技術的要因についても言及しました。同

じことを繰り返さないためです。本書の半分を「応用編」に割いたのは、前半において駐車場芝生化の重要性に共感してくださり、実際に設置したいと考えられる方々に、雑音に惑わされることなく持続的で望ましい芝生化を行っていただきたいと思ったからです。計画から定着した芝生の長期的維持までに必要な具体的な事柄、さらに全過程の一貫性がいかに重要かを述べたつもりです。

　まちの健康回復のために現状の過剰な舗装部分を芝生化することは、異常気象への対策と持続可能な開発目標11（SDGs, No.11）「住み続けられるまちづくりを」の実現に向けて喫緊の課題です。これには設置者、所有者、設計・施工・維持管理等に関わる企業や公共団体から、この環境影響を受ける市民・住民まで多くの直接的な関係者が存在し、実現に向けての協働が求められます。

2020年 3 月

伊藤幹二・伊藤操子

目　　次

＜応用編＞

基礎編

第1章　まちの環境汚染問題とその現実

　まちは今、夏季の灼熱、たびたびの洪水、雑草木の異常に旺盛な繁茂等々、まちが数10年前のような物質由来の公害からほぼ解放されたにもかかわらず、新たな住みにくさと不快さのなかにいます。そして、私たちはこの状況の被害者と思いがちですが加害者でもあるのです。このことは、状況を改善しより良い環境を再生するには、私たち一人一人が、いったい何が起こっていて何ができるのかをよく考えてみる必要があります。そこで、この章ではまず、世界がこの問題とどう向き合ってきているか、そして日本はどうなのかを検討しましょう。

1．問題の変遷：物質由来から自然循環・代謝機能の喪失へ

　人々の健康や生活活動を脅かす環境問題への日本人の最初の意識は、いわゆる「公害」でした。日本の環境基本法（1993年）では、典型7公害として、1）大気の汚染、2）水質の汚染、3）土壌汚染、4）騒音、5）振動、6）地盤沈下、7）悪臭を挙げています（2012年の改正によって、放射性物質も公害物質として位置づけられました）。全国規模で公害が深刻化したのは1960年代の高度成長期で、カドミウム、有機水銀などの有毒物質を含む工場廃水の放出、ばい煙による大気汚染などによる4大公害の訴訟もありました。このような状況を受けて公害行政の必要性が指摘され、1971年に環境庁（後の環境省）が発足し、有害廃棄物等の許容値や対策への事業者負担（処理装置を付ける等）を義務づける法的整備が進みました。日本の環境施策の根幹は、エンドオブパイプすなわち

汚染の成因	有害物質・因子の放出 ‥‥‥‥‥> 自然の循環・代謝機能の喪失
住民の被害	直接的な健康障害 ‥‥‥‥‥> 間接的な健康被害・不快感
対策の方向性	結果管理（再発・拡大防止）‥‥> 原因管理（未然防止）
対策の手段	汚染源からの排出抑制 ‥‥‥‥> 吸収源の保護・強化

図1-1　まちの環境汚染問題・対策の傾向の変遷

発生元を特定し、処理技術とそれに必要なエネルギーの投入による解決であり、今もこれが踏襲されています。

現代社会は、技術が問題を解決するという考え方を育んできました。私たちは今日、排水管や煙突から出てくる有害廃棄物や騒音等による公害と称せられる健康被害からほぼ解放され、その点では確かに‘まちの環境’は良くなったといえるでしょう。では、まちは本当に住みよい環境になったでしょうか。技術が都市の環境問題を解決したのでしょうか。これらにYesという人はほとんどいないでしょう。なぜなら、都市・市街地で私たちは、夏季の異常な温熱化、頻繁に起こる豪雨と水害に見舞われ、これらが人間活動の起こした環境危機であることを、うすうす感じているからです。まちのおもな環境問題は、汚染源の放出という物質由来の問題から自然の循環機能の喪失という生態系サービスの損傷による問題へとシフトしています。しかし、私たちはそのことを本気で知ろうとはせず、じわじわと進む変化の中で‘ゆで蛙’状態にあります。以下に、この現状が世界の流れのなかでどのように位置づけられるのかを客観的にみていきたいと思います。

2．世界における取り組みとその変遷

1）グローバルでの気付きと対応の流れ

21世紀になって世界の人々は、都市化が進むなか住民が直面している環境汚染の多くが表土、植生、水、そして大気を包括した自然の循環・代謝機能を失ったゆえであることに気づき始めました。しかし、当初は、技術では決して代替できない資源である自然の循環機能や代謝機能の価値やその喪失の原因が、人間活動自体が引き起こしている環境負荷にあることはよく理解されてはいませんでした。なぜなら、汚染源が特定できる過去の問題では、加害者と被害者（住民）が明確であったのに対して、この新しい汚染では住民は被害者であると同時に加害者でもあるからです。また、多様な要因が絡み合い徐々に進行する複雑な経路をもつものであるからです。しかし、地球レベルの気候変動や温暖化に対する議論や危機意識が高まるにつれ、自然の仕組みこそが有限の地球資源であることを認識するようになりました。そして、その根源である表土・植生・水・大気の持続性を適切に管理する国際的規範を作る動きに繋がったのです。

2

　最初の動きは1972年の国連人間環境会議の開催でした（図1‐2）。採択された国連人間環境宣言には、「われわれが環境に無知・無関心であるならば、われわれの生命と福祉が依存する地球上の環境に対し、重大かつ取り返しのつかない害を与えることになる」を明記され、「人間環境の保護および改善は、すべての政府の義務である」とされています。そして、20年後の1992年の‘地球サミット’（環境と開発に関する国際連合会議）においては、リオの３条約といわれる気候変動危機の緩和・砂漠化危機の防止・生物多様性劣化危機の阻止の条約が締結されました。ここでは環境危機の管理は、まずは科学的に最悪の事態を想定し、そうならないためにはどうすればいいかを考えていくことに軸足が置かれています。

```
┌─────────────────────────────────────┐
│ 1972年　国連人間環境会議（ストックホルム）      │
│　　　　　－国連人間環境宣言－                  │
└─────────────────────────────────────┘
┌─────────────────────────────────────┐
│ 1992年　環境と開発に関する国連会議‘地球サミット’（リオデジャネイロ）│
│　　　　　－気候変動危機の緩和条約－            │
│　　　　　－砂漠化危機の防止条約－              │
│　　　　　－生物多様性劣化危機防止条約－        │
└─────────────────────────────────────┘
［ 1993年　環境基本法の制定 ］
┌─────────────────────────────────────┐
│ 2006年　生物多様性締約国会議‘COP8’（クリチバ）│
│　　　　　－都市と生物多様性に関するクリチバ宣言－│
└─────────────────────────────────────┘
［ 2008年　生物多様性基本法の制定 ］
┌─────────────────────────────────────┐
│ 2010年　生物多様性国際自治体会議（名古屋）     │
│　　　　　－地方自治体と生物多様性に関する愛知・名古屋宣言－│
└─────────────────────────────────────┘
```

図1-2　環境汚染に関わる主な国際会議・条約締結等の流れ
［　］内は日本における基本法の制定

　グローバル化とは、地球上のある地点・場所で発生したことが、国境や地域を越えて遠く離れた地点・場所での社会的な営みに、時間差なく直接的に影響を及ぼすようになっていく過程をいいます。この背景として、地域環境の問題解決に従来の社会生活を律してきた制度ややり方などが取り払われる、無境界現象の存在があることを忘れてはなりません。すなわち、表土と植生の消失によって発生する生態系ディスサービス（生態系の毀損によって起こる環境への負の影響・環境被害）への対処や気候変動に関わる問題は、国や行政区の境界

を基盤としている諸体制とは異なる局面なのです。このことは、環境問題への取り組みが、従来の再発防止を目的とした結果管理手法（多額の費用をかけ調査・分析・対処する）から、問題が発生する可能性の高い要因を見つけ、危険要因を共有し排除する未然防止や拡大防止（被害と調査などの経済的費用の最少化）に変わったことを意味しています。2015年気候変動枠組締約国会議（COP21）の「パリ宣言」では、環境危機の管理を‘排出と吸収をバランスさせることを目指す’ことを長期目標として、「吸収源」の保全と強化を具体的に進めることを掲げています。

2）グローバルからローカルへ

　20世紀においては、環境問題の取り組みはInternational（国際的）からNational（国家的）、そしてRegional（地方）へという流れでしたが、21世紀に入りGlobal（全地球的）から直接Local（個別地域・都市的）へと急速に変わりました。すなわち、グローバルな視点で考えローカルに取り組むということです。この理由は、表土と植生などがもたらす生態系サービス（社会経済的恩恵・価値）の持続可能な利用・管理が国際的規範となり、地域が生態系のみならず経済的・社会的にも持続可能でなければ人類の発展はないと認識されたからです。

　2006年ブラジルのクリチバで開催された生物多様性締約国会議（COP8）では、このまま生物多様性の毀損を放置すれば都市生活に大きな社会経済的損傷を与えることから、生物多様性・生態系サービスを低下させている要因を取り除いていく行動（改善と向上）と再生・強化する行動計画の策定を課題としました。そして、生物多様性問題の対応には地方自治体の参画が不可欠とされ、「都市と生物多様性に関するクリチバ宣言」がなされました。2008年ドイツのボンで開催された都市と生物多様性市長会議（COP9）においては、自治体が生物多様性や気候変動防止のためにいかに行動し政策すべきかが話し合われました。そして、2010年、31か国190自治体参加のもと、愛知県名古屋市で開催された生物多様性国際自治体会議（COP10）で「地方自治体と生物多様性に関する愛知・名古屋宣言」がなされ、自治体が取り組むべき具体的行動計画、そして「都市の生物多様性指標」の活用が採択されたのです。

３．日本における対応：現状と問題点

1）グローバル基準への対応の現状

　2007年のCOP8における「都市と生物多様性に関するクリチバ宣言」を受ける形で、日本は2008年生物多様性基本法を制定しました。その第13条１項には、県又は市町村の区域内における生物の多様性の保全および持続可能な利用に関する基本的な計画を定めるよう努めなければならない」とあります。この内容は確かに環境施策の単位は各地域であるとする世界の動向に沿う形ではありますが、あくまで努力義務でもあり、実際、日本の自治体の対応は総じて低調でした。2011年11月11日現在、地域戦略が策定または策定中と答えた自治体数は全国1789自治体の約３％で、時代認識も責務の意識も低いと云わざるを得ません。当然、地域住民・市民はもちろんのこと事業者にも伝わることはありませんでした。2013年５月31日付の日本経済新聞によれば、「愛知・名古屋宣言」いわゆる「愛知目標」についての認知度調査の結果は、約2600社（従業員500人以上）の75％が「知らない」、41％が「聞いたこともない」というものでした。また、本件に関する自治事務者へのアンケート結果は次のようなものでした。

- 地域の生態系サービス・生物多様性の実態を把握していない。
- 必要性やメリットがわからない。
- 定義が不明確で検討土台が見えない。
- 担当部局がない、庁内合意が得られない、予算折衝が進まないなど。

　このアンケート結果を見ると、どうやら自治事務者をはじめ政策立案や事業経営に携わっている人たちのほとんどが、「生物多様性」や「生態系サービス」などの用語は知っているものの文脈にある都市の環境危機あるいは環境問題を認識していなかったことがわかります。

2）都市型災害の現実と対応の問題点

　日本列島はアジアモンスーン気候下の湿潤変動帯に位置しています。この湿潤帯のために高温多湿、台風や集中豪雨、また変動帯のために火山の噴火や地震など多様な災害に見舞われてきました。しかし、従来の災害の多くは農業・農村災害型とよばれるものでしたが、今日の道路網の整備や産業・人間活動の活発・広域化が進み、災害のタイプが都市型災害型に変わってきました。この

都市型災害の一つが都市の環境被害（都市公害）といわれるものです。この環境被害は、自然現象と人的・物理的・化学的・システム的要因によって発生し、そして、まちの表土と植生の減少により、いわゆる生態系サービス機能（水循環・大気浄化・土壌保全などの機能）の低下が増幅されています。このように、私たちの生活圏の様々な場面で生態系サービスの損傷が進む一方、生態系ディスサービスによる被害が目に見えて高まっているなかで、なぜ適切な施策が行われないのでしょうか。何がボトルネックになっているのでしょうか。その原因には、締約した条約や議定書のコンテンツが科学的に理解できない（環境科学の揺籃期を経験していない）、施策の実施において関連法律や科学技術の活用の仕方がわからない、所轄庁のドグマに基づく規制、そして環境被害の個別性への配慮のない全国一律の基準などが挙げられます。しかし、都市計画法の自治事務化、都市の低炭素化の促進に関する法律、直近の都市緑地法の一部改正などを見ると、施策決定の透明化や住民参加がうたわれています。しかし、何か「仏を作って魂入れず」の感がしなくもありません。このことは、私たち生活者自身が「気候変動適応法案」、「持続可能な発展目標」、「異常気象対策」など生活圏の環境にかかわる問題を理解し、取り組まなければならない段階にきているといえます。

4．今、私たちに必要なこと

　現在、私たちは、生態系サービス機能を育てる人と利用する人がともに多かった時代から、人工系サービスをつくる人と利用する人が圧倒的に多くなった現代に生活しています。したがって、ともすれば、私たちが日常的に享受している生態系サービス機能の恩恵を忘れがちになり、それを育てている人やその保全の重要性には無頓着になっています。しかし、この先、生態系サービス機能が失われ呼吸不全に陥ったまちは、動植物だけでなく私たちの生活や健康においても大きな影響を受けることが予想されます。私たちの生活圏において、「雨水の流出」に関連するリスク、「熱ストレス」に関わるリスク、「感染症」や「エアロゾル・土壌・生物汚染」など様々なリスクの増大が予測されています。そして、これらのリスクの拡大を止めるには、排出の削減も重要ですが、なによりも吸収源を保全し、これを強化することにあるとされています（COP21.パリ協定第5条）。この吸収源の保全・強化活動の対象は、森林管理、農地管

理、草地管理、そして都市の緑地・緑化管理なのです。そして、私たちまちの
あらゆる吸収源を保全・強化を図る活動には、地域住民をはじめ、企業や産業
界、科学・学術団体、NGO・NPO・市民グループなどの参加が求められていま
す。それには、なぜ吸収源の保全が喫緊の課題になるのかを理解する必要があ
ります。吸収源といえば森林などに目が行きがちですが、問題は、人工構造物
による陸上生態系の分断、すなわち吸収源である表土・植生の毀損によって地
表と大気間の水循環機能が失われることにあります。

　次章からは、私たちが費用対効果の上がらない「結果管理」の慣習から抜け
出すためにも、舗装による表土と植生の分断がもたらす影響について、何を
知っている必要があるのかを解説します。

第2章　まちの舗装と不透水化および水循環障害

　今までの私たちは、技術がほとんどの問題を解決するという観念を育んできました。しかし、まちの表土と植生を失うことによって起こる環境問題は、工学的技術の適用だけでは決して解決できないことにやっと気づき始めています。まちの様々な環境被害の大半は、地球の皮膚ともいえる表土と植生を舗装によって分断したことから起きているといっても過言ではなく、この分断が水循環障害と暑熱化現象を発生させています。日本はアジアモンスーン気候下の湿潤変動帯にありますが、これから先異常気象の頻発が予想されるなか、舗装によるどのような環境リスクが考えられるのか、本章ではまず水循環に関わる問題について考えます。

1．不透水構造物が覆っているまちの地表面

　地面の不透水化とは、降った雨や雪の水を地面が吸収しなくなり、同時に地面から大気に水を蒸発しなくなることをいいます。雨水は（表土の固化の程度にもよりますが）通常、裸地では40〜50％が吸収されます（傾斜地では10〜20％）。一方、植生のある芝地では雨水の80〜90％、腐植や林床植物のある広葉樹林地では90〜95％、湖沼では100％が吸収されてそこに浸透・滞留します。しかし、屋根で覆われた家屋やビル、人工物で舗装された地面はほとんど雨水を吸収することがなく、早々と排水されることになります。つまり、まちは不透水化の進行によって、土壌と植生の存在によって雨を吸収しそれを大気にもどすという、地面本来のスポンジ的役割がなくなり、湿度と気温の調節機能が失なわれていくのです。

　今日、グーグルマップの航空写真では日本全土の土地利用区分状況が観察できますが、これらを眺めていると、都市・市街地の大半を不透水領域が占めていることに新ためて愕然とします。私たちは日頃、周囲をみてこのことを知っているはずが、実態をきちんと把握していないことに気づきます（Box-1参照）。平面的にみると、まちは、平面舗装、建造物、植生・土面、その他から構成されています。そして、平面舗装部分は、道路（車道、歩道、のり面の一部、小

Box-1 あなたのまちに不透水平面はどれほどあるのでしょう

　私たちは普段のくらしの場がコンクリート・アスファルトに囲まれていることを何となく感じています。そして、少し郊外といえるようなまちに行ったとき田畑が点在したり周辺に山林があったりするとほっとします。しかし、そこでもそれ以外の大部分は舗装されています。これで良いのかという感があっても、実際にどの程度不透水化されているかは、どこにもデータがありません。そこで、著者らは現実を数量的に把握してみようと考え、まずは、自らの居住地神戸市ポートアイランドで調べてみることにし、グーグル・マップ航空写真と面積測定アプリを利用して測定しました。ここでの測定値の掲載は、このようなごく小規模な事例を一般化しようという意図ではもちろんなく、あなたのまちの不透水化の実態を、今日簡単にできる手法を利用してぜひ実感してみて頂きたいという思いからです。

　ポートアイランドは総面積833haですが、そのうちの50%強は港湾コンテナヤードおよび関連の流通施設用地等なので、それ以外の集合住宅・商業施設・会社。学校等の敷地、道路、公園等で構成されている部分をまちとして区分しました。

調査対象総面積：388.8ha
植生・土壌で覆われた部分（公園、道路沿い植栽、建造物敷地内植栽）：9.4%
全不透水部分（建物、道路、建造物敷地内平面舗装部分）：　　　　　　90.6%
　　　舗装不透水平面（対総面積）：　　　　　　　　56.9%
　　　　　〃　　　　（対全不透水部分）：　　　　　62.8%
　　　不透水駐車用スペース（対総面積）：　　　　　7.7%
　　　　　〃　　　　（対全不透水平面）：13.3%

　以上、不透水化されていない部分は総面積の10%以下です。航空写真からは大半の建造物敷地（会社、公共建造物等）の多くでほぼ全面がコンクリート・アスファルト舗装されており、その一部に駐車枠（白線）を設けている実態が、この数値を生み出していることがよく分かりました。

道路、側溝）、鉄道の施工基面とのり面の一部、河川高水敷とのり面の一部、平面駐車場、建築・構造物（会社、公共施設、商業施設、集合住宅、学校、病院など）の敷地（植栽部分を除く）など非常に多岐にわたっています。また、緑化であるはずの道路沿い街路樹や植え込みの下も植え枡のサイズは極端に狭く、芝生化駐車場と称されている場所も大部分は舗装状態です（図2-1）。さ

らに、都市近郊においても、減少する水田に代わり、増加する太陽光発電施設、草地や飼料畑をもたない畜産施設やビニールとプラスチックの園芸施設、舗装された農道、U字構やコンクリ―3面溝の用排水路、そして雨水の吸収機能の乏しい（林床植物や腐植の無い）スギ・ヒノキ人工林など、表土と植生が担う水循環機能（雨水・融雪水の貯留と蒸発散作用）は失われていく一方なのです。

図2-1　緑化のはずが実は不透水面を増やしているよくある街の風景
（左）大部分が構造物で覆われている芝生化駐車場
（右）雑草は平気だが樹木が生きられそうもない極端に小さな植え枡

2. 表土と植生の物質循環機能

　地表、すなわち表土と植生は、物質の大気から地中へ、地中から大気への循環システムをつかさどっています。地表生態系において、表土と植生が占めている地位と役割は過去も現在も変わっていません。それらが果たしている役割は次のように要約されます。

①表土と植生は、地球上の水循環の経路となって、地圏のみならず水圏の生物の生育と物質の循環と調節をも担っています。

②表土と植生は、地圏と大気圏との間でガス交換を行い、大気組成の恒常性を維持しています。

③植生が表土を造り、表土が植生を育み、それを起点とする食物連鎖によって陸上生物を養っています。

④植生が表土に有機物を供給し、表土の生物が有機物を分解し、元素の貯留と生物的・化学的循環をつかさどっています。

⑤植生と表土の形成は、多様な植生遷移を促進し、生態系サービスを生み出

し続けます。

　以上に述べた表土と植生との関係から明らかなのは、舗装による表土被覆は、この両者を分断し生態系機能そのものを破壊する行為であるということです。今何が起こっているのか、また、このまま進めばいったいどうなるかを知ることが必要です。

3．舗装によって起こるまちの環境問題

　舗装化が進み、まちに雨水を吸収する機能が失われるとなにが起こるのでしょうか。地表が行う雨水の処理機能は、「減らす」、「遅らす」、「浸み込ます」、「浄化する」の四つが挙げられます。この機能が失われると、降雨は地面に吸収されないで地表面に流れ出ることになります。このことを雨水のrunoff（以下、表面流水の訳語を用います）とよび、今日、世界の都市環境に大きな経済的被害を与えています。表面流水による被害は内水・外水氾濫をはじめ二次的、複合的なものも多く、環境への負荷は多岐にわたりますが（図2-2）、昨今頻発している一次被害を中心に解説します。

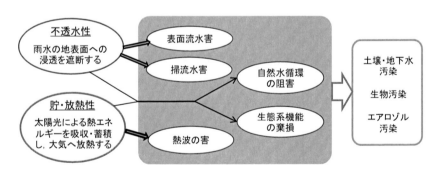

図2-2　表面舗装が引き起こす様々な環境被害

1）地表の不透水化と表面流水の発生

　表面流水量と不透水面積率との関係については多くの実験報告があり、代表的ものを図2-3に示します。舗装面積率が高くなるにつれて降雨の流出量は増加しますが、注目すべきは不透水面積が10%を超えると表面流水量が直線的に急激に増加することです（降雨量や舗装部分の配置によって違いはあるで

しょうが)。さて、まちの表面流水率は構造物の種類によって大きく異なります (表 2-1)。英国の調査 (Forman, 2011) によると、豪雨時に発生する平均表面流水量は、公園や庭園 5 ~30%、高密度の住宅街やビジネス街50~70%、工業地帯50~90%、まちの商業区域65~100%、まちの中心部70~95%と報告されています。米国の環境保護庁 (1993) も、住宅地の大小別に詳細な平均不透水面積率をはじめ、工場地帯、商業地域、ショッピングセンターなどの平均不透水面積率も公表されており、とくに舗装駐車場 (carpark) は芝地の16倍の表面流出水を発生させているとして警告しています。そして、緑地 (街路植え枡など) の透水面の拡大、鉄道基面・道路敷・駐車場の透水化が進められています。しかし、舗装駐車場の透水化はあまり進んでいないようで、商業用駐車場の60~70%において透水化が進んでいないことを嘆いています。欧米の政府が都市降雨の表面流出に神経質になっている理由は、表面流水発生と排水機能マヒなど内水氾濫との環境的・経済的被害における因果関係が科学的に明らかになり、その改善と向上が行政の責務となったからです。また、都市の生物多様性や生態系サービスに関わる条約を批准し締約したことによります。

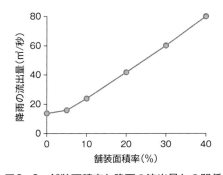

図2-3　舗装面積率と降雨の流出量との関係
(Tyrrainen et al. 2005, Urban Ecologyの記述をもとに作図)

表2-1　構造物の種類による表面流出率 (%) の違い
(Butler & Darris, 2011. Urban Ecologyの記述をもとに作表)

構造物	流出率	構造物	流出率
樹木	5~10	公園	5~30
芝生	10~20	ゴルフ場	<10
芝生＋樹木	<10	住宅地	50~70
屋根	80	市街地	70~95
舗装道路・駐車場	100	商・工業地	75~95

2）豪雨と内水氾濫被害

　今日、都市における豪雨被害の多発は、雨の降り方の局地化、集中化、激甚化など異常降雨が直接の原因とされていますが、実際は、都市の中に透水面積の著しい減少で降雨を吸収するスポンジ機能が失われたことによる、いわゆる鉄砲水の発生が大きく関係しています。最近の気象庁のデータによると、全国の日降水量100㎜以上の年間日数は、90年前と比べて約3割増加し、200㎜以上では約6割増加しています。また、1時間降水量50㎜以上の平均年間発生回数は30年前に比べて4割増加し、80㎜以上の恐怖を感じるような雨が約6割も増加しています。気象庁の予測では、このまま進んでいくと1時間降水量50㎜以上の短時間強雨の発生回数は全国平均で2倍以上になり、北日本の将来は現在の東日本並みに、東日本太平洋側の将来は西日本太平洋並みに、西日本は奄美・沖縄のように降ることになり、これまで考えられなかった豪雨災害が発生するということです。

　豪雨災害の最大の問題は、地表の不透水化によって助長される内水氾濫が、極めて大きい経済被害をもたらすことです。これらは家屋の床下・床上浸水や自動車や設備の冠水、交通インフラのマヒなどの経済被害に加え、毒劇物・農薬などの化学物質の保管庫や産業廃棄物保管地の浸水、排水管・排水溝の滞留したヘドロや繁茂していた雑草バイオマス（地上部と地下部）や放置ゴミが、一挙に流出・拡散など多岐にわたります。

　現在、日本国土への年間降水量は約6400億㎥ほどになりますが、使用している量は約824億㎥程度でしかありません。この使用量の66％が農業用水、19％が生活用水、15％が工業用水になっています。私たちは降雨の大半を海に流し出してしまうことに何の疑問も抱いていません。ところで、日本には、今日でもその大半が江戸時代に造られた農業用ため池が16万か所あります。また、毎年作付けられる水田も150万haほど残っています（耕作放棄水田も加えれば約200万ha）。これらは、今のところ、地域においての雨水の調節機能として中心的役割を果たしていると思われますが、この先どのようになるかは不確かです。

3）表面掃流水が引き起こす深刻なまちの環境汚染

　水文学（陸水の循環に関する研究分野）では、流域を斜面と流路で構成されるとし、流路は雨水を排出するシステムであると同時に、流域内の物質を排出

するシステムでもあるとしています。この流路の機能は、流水の作用により発生した流域構成物（土砂・雑草木・土壌生物など侵食物質）の運搬、堆積、流出などを通して流路の形状や水系・水質の安定に深くかかわっています。しかし、今日の建屋－駐車場－道路と連続した不透水面の拡大がこの自然の機能を大きく毀損しています。

　米国の都市の水系・水質汚染の70％は、産業廃水や生活廃水からの直接汚染によるのではなく、豪雨によって発生する表面掃流水が原因であるという衝撃的なリポートが20世紀の終わりに発表されました（Loizeaux-Bennet, 1999）。表面掃流水汚染とは、豪雨によって不透水面上の様々な有機・無機物質だけでなく、人工構造物や自動車などの表面や部材から溶脱・剥離した合成化学物質や重金属を含んだ泥が、地面に吸収されることなく水系に流入し、堆積あるいは濃縮することによって起こることをいいます。この表面掃流作用によって泥と共に運ばれる物質は、生物由来のものと人工物由来のものとに分けられます（表2－2）。生物由来の物質で問題となるのは、人獣感染症汚染、大腸菌汚染、

表2-2　建屋・駐車場・道路から表面掃流水によって運ばれる物質類

生物由来の物質	人工物由来の物質
• 家畜糞尿 • 糞尿性大腸菌 • 野生鳥類・哺乳類の糞尿・屍骸 • 節足動物の卵・幼虫・蛹・成虫 • ナメクジなど有肺類 • 土壌微生物・ウイルス・線虫など • 雑草種子・栄養繁殖器官 • 土壌有機物 • ペット類の糞尿 • 生ごみ • 落下植物花粉・微生物胞子など	• 建屋・車体面から剥離・溶脱した塗料・保護剤・重金属類 • タイヤ由来の炭化水素類 • 燃焼で発生した炭化水素・酸化窒素・重金属類 • アスファルト・スラグの炭化水素類・重金属類 • 路面の農業・畜産・産業廃棄物とその溶脱物質 • 残留殺虫剤・消毒剤 • 化学肥料 • ポイ捨てタバコフイルター・プラスチック • 乾性・湿性降下物

病原媒介昆虫の拡散、有害昆虫汚染、アレルギー性呼吸器障害、農業病害虫被害、雑草の蔓延などの原因になることです。人工物由来の物質で起こっている問題は、水質汚染、土壌汚染、大気汚染、そしてプラスチックの海洋汚染など、必ずしも目に見えないことにあります。しかし、これら汚染リスクは、すでに内水系（排水溝・溜池・湖沼）や外水系（河川の低水路・高水敷・堤防敷）、内湾や海浜に広がりつつあります。今日、この掃流水作用がもたらす被害は実に多様ですが、昨今耳や目にするのは、上流域での動物感染症、土砂災害・流木被害の発生、下流域では豪雨のたびに流れ出る泥、市街の冠水や浸水、河床に繁茂する外来雑草、ゴミや雑草で埋まった排水溝、道路わきの真っ黒な除雪、河川の「トイレ臭」や競泳場の大腸菌さわぎ、そして内湾面を埋め尽くす掃流雑草木などです。この様子から見ると化学物質を含む泥による水質汚染もかなり進んでいるのではないかと思われます。

　都市の掃流水汚染問題は、以前にあった工場廃水や洗剤汚染とは異なっています。すなわち、一般市民、農業者、商業者、工業者など立場には関係なく、また上流域と下流域の区別もなく、すべての人が被害者でも加害者でもあることを認識する必要があります。いずれにせよ根本問題は、営造物や工作物の所有者や占有者、そして私たち自身が目先の利便性から不用意に地表をコンクリートやアスファルトで覆ってきたことです。本章を書き終わったとき、沖縄の米軍基地の軍用機の機体コーテイング剤が基地の外の河川を汚染していることが報じられていましたが、日本には掃流水汚染に対する規準も法律もないので対処のしようがありません。

4）舗装による二酸化炭素の上昇

　今日、私たちは低炭素社会の実現を課題としている一方で、それとは真逆の行為を続けています。それは、陸上で炭素を貯留できる場所は表土にしかないという当たり前のことを忘れているからです。現在、世界の表土が含有する炭素の総量は、表層40cmの範囲だけをとっても土壌有機物として1兆5500億トン、土壌無機物として9500億トンと見積もられています。陸上のあらゆる植物の中に存在する炭素の約4.5倍、大気中の炭酸ガスの持っている炭素の3倍以上に相当します。2015年パリで行われたCOP21で、表土を巨大な炭素の「倉庫」と認識し、全世界で表土の有機炭素量を増やそうという取り組み（フォーパーミル・イニシアティブ：土壌有機物を厚さとして年間0.4mm加える活動）が始

まりました。これが達成されれば、化石燃料の燃焼などによるCO_2増加分が相殺されるという計算がされています。この活動によって、国連が策定した「持続可能な開発目標（SDGs）」の全17項目のうち、4つの「目標」の達成が期待されます。私たちに今やれることは、個別の営造物地や工作物地を舗装で覆うことではなく、炭素の倉庫である表土を確保することです。その経済的に最良の方法は、大量の細根を発生し続けるイネ科植物の植被に替えることで、炭素を表土に豊富に供給することです。

　余談になりますが、舗装に使われるセメントやアスファルトは、そもそも何からできているのでしょうか？ セメントは、植物プランクトンの殻やサンゴが堆積してできた石灰岩が原料で、セメントの炭酸カルシュウムを取り出すときにゴミとしてCO_2を大量に排出します。一方、アスファルトも原油から炭化水素類を取り出したあとの常圧残油で、これもまたCO_2の発生源です。そして、石炭からコークスやコールタールが生産される場合もまた同じなのです。このように舗装資材は、大量のCO_2を排出してきた製品であることを意識することも必要でしょう。

4．舗装によって失われた大気・水の浄化作用

　大気中の化学物質は、日常的に乾性降下物や湿性降下物として地表に落下していますが、舗装によって土壌への吸収が遮断されていることから、掃流水として直接水系に流入するか再び大気へ飛散し、二次的な汚染を生み続けています。

1）舗装とエアロゾル

　エアロゾルとは、空気の中に漂っている固体または液体の微小な粒子をいいます。私たちがエアロゾルに囲まれているといっても、粒子そのものは小さくあまり気にしていません。しかし、生活環境に及ぼしてきた影響は昔から大変大きかったことが知られています。それらは、黄砂や火山の噴火で放出される火山灰や二酸化硫黄といった気体成分など自然起源のエアロゾルが中心でした。時代が下がって、エアロゾルが汚染源と意識されるようになるのは、重金属粒子、ディーゼル黒鉛粒子、煤煙粒子とこれに含まれるダイオキシン、アスベスト粒子が加わり健康被害から取り上げられるようになったことによりま

す。これらの粒子は発生源において初めから粒子として形作られていることから、一次粒子とよばれています。PM2.5などがよく知られています。一方、現在のエアロゾルの大半は、ガス状有機汚染物質が大気中で凝縮・粒子化してできる二次粒子からなっています。成分は化石燃料の燃焼によって大量に排出される二酸化硫黄、車の排ガスの窒素酸化物、溶剤・洗浄剤、揮発して大気中に放出されるトルエン・ベンゼン・フロン類などの有機ガスです。今日、雪や樹氷中に含まれるマイクロプラスチックが話題になっていますが、このマイクロプラスチックもまたエアロゾルによって運ばれる汚染物質といえるでしょう。

　さて、これらエアロゾル物質は、雨・霧・雪によるものを湿性降下物、重力によるものを乾性降下物と呼びますが、その大半は一次的に芝生・樹木などの植生によって受け止められ（一部は植物によって代謝されますが）、その後土壌に流入して、土壌粒子に吸着されたり、分解されたり、あるものは土壌生物に利用されます。この自然浄化・濾過機能をコンクリートやアスファルト舗装で蓋ってしまうと、掃流水によって下水・湖沼・河川の水質汚染源になり、乾燥によって舗装上に再び舞い上がり大気を汚染することにもなります。昨今、近隣諸国に発生している都市のPM汚染は急激に増加する煤煙や排ガスですが、これも地表をコンクリートで覆ってしまったことによって大気降下物が吸収されなくなったことが原因です。

２）土壌汚染と地下水汚染

　今日、福島の原子力発電所の損壊によって発生した放射性物質による土壌汚染や地下水汚染が話題になることがあっても、通常の生活圏で土壌や地下水汚染問題が取り上げられることはほとんどありません。しかし、化学物質による土壌と地下水汚染リスクもまた現在も拡大しているのです。生活廃棄物、産業廃棄物、建設廃棄物、農業廃棄物および畜産廃棄物、不法投棄物などから数多くの汚染化学物質が流出しています。そしてこれらの汚染物質は、舗装面によって広がり、その一部は狭い限られた非舗装面の土壌に集中的に浸透します。もし、非舗装面が細根の豊富な芝生や根系を発達させた樹木で覆われていれば、汚染物質はそこに生息する土壌生物の存在によって、濾過・吸着・分解・希釈を通して浄化されていきます。そうでなければ汚染物質は舗装下の土壌と地下水に長期に残留していくことになります。昨今、長年にわたって舗装下に残留した洗浄廃液や重金属の堆積した土地の再開発が行われていますが、東京

の豊洲市場の例を見ても、土壌と地下水の硝酸態窒素や重金属汚染はかなり深刻な状態です。土壌・地下水の汚染対策は、汚染化学物質の発生源の管理は当然としても、不透水面を縮小し植生に被覆された表土面積を拡大する以外に手はないということなのです。

3）水系の酸性化を促す自動車と舗装

　内燃機関の自動車が植物と同じように窒素固定をするというと驚かれますが、実際に大気中の窒素ガスから窒素酸化物をつくるのです。ガソリンなどの燃焼過程において発生するエネルギーによって窒素ガスと酸素が化合してNOx（窒素酸化物）ができるからです。以前には酸性物質の起源は化石燃料（石炭）で、亜硫酸ガスや大気汚染物質からなるSOxと呼よばれ酸性雨や湖沼の酸性化の原因とされていました。また、森林の衰退は土壌の酸性化が原因ともいわれていました。しかし、土壌には降下した酸性物質を中和する緩衝力があることと燃料の改善などによるSOxの排出量の激減で、環境問題としては下火となりました。しかしながら、SOxに代わる酸性物質として、自動車によって固定された大量のNOxが緩衝作用を持つ土壌を通さずに水系に入り、生物に大きな影響を与えているという新しい問題が明らかになり、今日、ドイツをはじめ欧州諸国の排ガス規制につながっています。

　以上、ここまで読み進めてくださった方々のおおくは、あらためて地表の不透水化問題と舗装が関係する環境リスクの現状と大きさを心に留めていただいたのではないかと思います。

第3章　まちの舗装とヒートアイランド現象

　今日ヒートアイランドという用語を知らない人はないと思われ、最高気温が35℃以上の猛暑日が続いたりすると、あちこちでこの語が飛び交っています。では、ヒートアイランドとは本当のところ何でしょうか。どうして起こり、どこが問題なのでしょうか。通常、地表に到達した太陽放射熱は、外部への反射、大気での吸収、地中へ通過の3つに分割されますが、都市化によってこれが大きく変わります。この章では、わかっているようで意外と理解されていないまちのこの深刻な現象の実態と、舗装がこれにいかに大きな影響を与えているかを解説します。

1．ヒートアイランド現象とは

1）ヒートアイランド・ドーム

　この100年間で年平均気温は、日本全体で約1℃、東京、大阪、名古屋の都市では約3℃も上昇したと報告されています。この数字は、冬期の気温や最低気温を含めて平均したものです。これだけではさほどたいしたこととは思わないでしょうが、夏期の最低気温が30℃を超える日が続くとか、最高気温が40℃を記録したとか、また、熱帯夜を頻繁に経験するとなると話は変わってきます。この暑熱化現象は、都市を囲む大気の中に熱、水蒸気、二酸化炭素、PM、エアロゾルなどによってドーム状に覆われた層が生まれてドーム内外に温度境界層ができ、内側が高温に維持される現象です。一般に、この高温域が都市部に島（アイランド）のように覆うことから、アーバン・ヒート・アイランドと呼称されましたが、今では島（アイランド）よりも、ドームや形状が流動的であることからエアードームやアメーバー・ドームともよばれています。このヒートアイランド・ドームの高さは、都市の大小によっても異なりますが、500mから1000m程度とされています。また、ドームの厚さは一様ではなく、ビジネス街や工業地域のある部分では厚く、大規模な緑地や湖沼の上空では薄くなっています。そして、都市の気温の上昇と、都市化の進行および都市の端から中心部への距離との間には正の相関が認められます。

2）ヒートアイランド化を進行させる要因

　ヒートアイランド化進行の原因としては、まず、水田・畑・樹林・草地・湖沼など降水を貯留し蒸発散を行う面積の減少に伴う、蒸発散による熱交換（潜熱といいます）の低下がありますが、まち自体における地表面構造物からの熱の放射、人工・生活排熱、温室効果ガス吸収熱の再放射（以上を顕熱といいます）の増加が進行を加速しています。まちの暑熱化がますます進む今日、何が原因で何が問題なのかを知っておく必要があります。

　第1は、舗装などによってまちの表面が覆われる結果、水循環が遮断され、降雨の地中流下は止まり、地表の蒸発散による潜熱消費がなくなり高温化することです。原因は表土の破壊です。

　第2は、舗装などの日射蓄熱性構造物が日中に吸収・蓄積した太陽エネルギーを、長波の電磁波である赤外線・遠赤外線として日没後に放射することです。この舗装の赤外線放射こそが夜間の高温化（最低気温の上昇）最大の原因と考えられています。原因は表土を蓄熱性の舗装で覆ったからです。

　第3は、自動車、産業機器、生活機器からの人工廃熱です。この人工廃熱もまた赤外線なのです。原因は化石エネルギーの消費です。

　第4は、生活活動や農・産業活動から大気に排出されたCO_2、NOx、CH_4などの温室効果ガスによって暖められた赤外線が、再び地表に放射されることです。原因は温室効果ガスの排出です。

　第5は、私たちの意識であり、熱中症の発生や熱帯夜と真夏日が続くと話題にする一方、最低気温や夜間気温の上昇の原因やその災害リスクに注意を向けることが少ないことです。原因は私たちが今の常態になれ「ゆで蛙」化していることです（または赤外線の電子レンジの中のカエルともいえます）。

　そして最後の問題は、現在でも、まちの熱汚染リスクを高める地表の不透水化と舗装を続けていることなのです。そして、これらの行為がいかに人々の健康や生活に負荷を与えているかの認識が不足していることです。

3）熱収支からみたヒートアイランド現象

　地球の表面は太陽から放射されるエネルギーによって暖められますが、これは赤外線（太陽光に中で可視光線の赤色光より波長が長い領域）を受けた地球上の物体がその構成分子の振動によって熱を発生することによります。もし、この熱がそのまま蓄積されれば地球の表面はどんどん熱くなっていく一方です

が、地表が不透水化されていない状態での本来の熱循環では、太陽エネルギー
の多くは地球表面を構成している地面・植生面・水面・海面からの水の蒸発散（地
面・水面からの蒸発と植物からの蒸散）によって気化熱に変換され、地表面温度
の上昇を防いでいます。物体による赤外線吸収、温められた物体からの気化熱と
しての赤外線放射という熱バランスの中で、多くの生物が生存し、私たちの生活
活動も営まれています。すなわち、陸上に降った雨は蒸発散によって水蒸気とし
て大気に送り返され、大気の温度が低下すると再び地表にもどるという水循環が
駆動しているので、私たち生活圏の温熱環境は本来、水と土壌と植物のはたらき
による気化熱の消費によって緩和されているはずなのです。しかし、熱のある物
体から放射される赤外線（電磁波）のうち波長の長い遠赤外線（$20\,\mu m$）は、一
部が宇宙に放射されるものの、ほとんどが大気の温室効果ガスに吸収され熱と
なって再び地表に向かいます。これがまちの暑熱化を起こしているものの本体
です。一方、波長の短い電磁波（$1\,\mu m$）である近赤外線はCO_2や水蒸気に吸
収されにくいのでほとんどが大気を通過し宇宙に逃げていきます。

Box-2　温度の変化は熱エネルギーの移動によっている

　少し硬い話になりますが、熱力学という学問の世界で熱力学三つの法則と呼ば
れるものがあります。第0の法則（1と2の法則の後に加えられたので）は、'互
いに接するもの同士は同じ温度になろうとする'、第1の法則は、'熱を含むあら
ゆる形のエネルギーは保存される'、第2の法則は、'熱エネルギーを取り出すに
は温度差が必要である'というものです。また、熱エネルギーがある場所から別
の場所に移動するには、三つの形態があります。温度が高い分子から温度がより
低い分子にエネルギーが移動することを「伝導」と云います。この熱を伝導する
速度は物質によってことなり、すぐに二つの物体が同じ温度になるわけではあり
ません。次に、熱エネルギー物質の移動に伴って移動がおこることを「対流」と
云います。高温の物質が低温の物体がある場所に移動すれば、そこで、温度の高
い分子から低い分子に伝導によって熱エネルギーが移動します。そして、「放射」
は、空間を移動する事実上すべての熱エネルギーに対して使われます。以上は太
陽からの光エネルギーと地表から出ていく赤外線エネルギーのバランスがとれて
いるときには、温度が一定範囲に保たれることを示しています。
　さて、先の話にでた熱力学第1の法則は「エネルギーは保存される」ですが、
それでは何が地球上の生物を支えるエネルギーを保存しているのでしょうか？答
えは「植物」です。太陽光はコンクリート・アスファルトでは単に熱エネルギー
になるだけですが、植物では光合成機能によっていったん化学エネルギーになり、
あらゆる生物の活動の基になります。そして、使われた化学エネルギーは最後に
熱の形となり、赤外線として宇宙へと放散し完結します。この流れの最初にあり、
生命・生態系を支えているのが地表の緑色植物なのです。

2．夏季の暑熱化現象と熱中症

1）舗装と昼夜温較差の減少

　都市の暑熱化現象の特徴は、都市の熱が自由大気層外へ放射されないことに加え、蓄熱作用の高い建物や舗装面からの赤外線放射と生活・産業活動からの人工廃熱などによって、とくに夜間の大気温が高く保たれるようになることです。本来は、日没後地表が冷えると大気の放射冷却によって水蒸気が地表に戻され大気温は急激に下がりますが、舗装などによって過度に地表が不透水化されている地域では、日没後も地温（地表および地表下の温度）が大気温より高く、日中に蓄熱した遠赤外線を放射し続け、地表への放射冷却も起こらず水蒸気も大気にとどまったままです。そして、この地表面の温度の影響範囲（接地境界層：地上約50〜100m、地表下約50〜80㎝）内の熱は、ヒート・ドームの外の自由大気層（地表面から1〜2㎞上空）へも逃げて行けず、まちでは夜間も気温が高いままになるのです。このように、熱中症・不眠などの健康障害発生の増加をまねいているヒートアイランド化の問題の本質は、夏期夜間の気温と湿度の上昇であり、いい換えれば、昼夜温較差（日中の気温と日没後の気温の開き）または地気温較差（地温と気温の開き）が小さくなることにあります。図3-1には、大阪市（中央区；北緯34.4度）と大津市（菅野浦：北緯34.9度）での気象庁観測の7〜8月の日最高・最低気温の変化を示しています。市内も周辺部もほとんど舗装で覆われた大阪市と山林と琵琶湖に囲まれた大津市でも、日中の最高気温もその日変化のパターンもほぼ同じです。しかし、大津市では最低気温は平均で約2℃低く、また、最低・最高気温ともに日による変動が大きくなっている（変動係数が高い）のがわかります。つまり、大阪市の方は夜温が下がらず、その熱はドーム内に停滞しているということです。以上のことは、昼間の高温が夜間の高温持続いわゆる熱帯夜を生んでいる本当の原因ではなく、広範囲で高頻度の舗装面が継続される限り、まちの生活者にとってヒートアイランド問題は終わらないことを意味しています。それゆえに、地表をできるだけ芝生などで覆うことで、日没後におきる舗装（地表）から大気への熱移動を大気から地表（芝生）への熱移動に戻す夜間気温の冷却が対策として重要なのです。

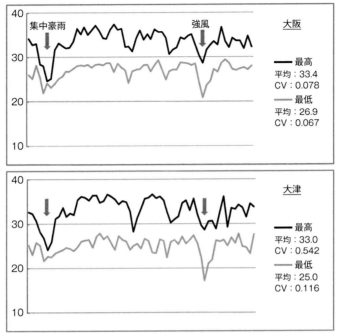

図3-1　大阪市と大津市の夏季の日最高気温と最低気温の変化（2018年、7、8月）

顕著な最高気温（中温）の低下2回のうち、強風による場合は夜温が大きく低下するが、集中豪雨による低下は夜温にほとんど影響せず、豪雨には停滞しているはドーム内の空気を入れ替える力がないことがわかる。

CV：変動係数（標準偏差/平均値）

２）拡大する熱中症の現状

　私たちの生体には体温を一定に維持する仕組みがあります。高温下におけるこの仕組みを暑熱反応といい、気温が正常体温以上になるとまず抹消血管が拡大して放熱が促進され、さらに温度が上昇すると発汗が生じ気化熱で体温の上昇が抑制されます。体の内部温度（深部温度といいます）は、熱産生と放熱のバランスによって決まっています。熱産生はエネルギー代謝や筋肉活動により日中に生じ、放熱は主として夜間に起こるので。深部体温は日中に高く、夜間に低くなります（皮膚温度はむしろ日中に低く、夜間に高いことが知られています）。

　熱中症は、暑熱反応で防ぎきれない深部体温の上昇が原因して発症しますが、日中だけの問題ではなく、夜間の気温と湿度が高いと放熱が十分に起こら

25

ず深部体温の低下が妨げられることからも発症します。一般に夏の外気温は午後2時〜4時に最も高く、家屋内の温度は午後6時〜8時ごろに最高となります。事実、熱中症による死傷者は午後2時から4時台に最も多く、午後6時以降にもかなりの事例が報告されています。また、高齢者の熱中症の60%が、乳幼児の46%が屋内で起こっています。熱中症による年間の死亡者は平成30年度にはついに1500人を越えましたが、死亡者の80%以上は65歳以上の高齢者が占めています。熱中症の仕組みを理解することなく、「熱中症に気を付けましょうや日中の外出は控えましょう」の注意喚起では防げないのです。

3. 気候変動とヒートアイランド化の連動

　都市のヒートアイランド問題は100年以上も前から研究されてきた現象ですが、21世紀に入り新たな局面を迎えています。それは、地球温暖化あるいは気候変動が都市のヒートアイランドリスクに及ぼす影響、すなわち、気候変動がヒートアイランド化の被害を増幅させる、またはその逆の方向も起きうるというのです。

1) 予測されるまちの熱環境悪化

　私たちが生活する日本のまちが、人間にとって危機的一線を超えることはあるのでしょうか。私たちは気候変動を予測できないように、ヒートアイランド化の進行と異常気象が連動した場合何が起こるのかは現在のところ想定できていません。しかし、思考実験は可能です。現在まちの暑熱化を構成している熱源は実に様々です。太陽放射熱、コンクリート・アスファルト放射熱、大気（温室効果ガス）再放射熱、そして身の周りのあらゆる商工業施設や住宅からの産業・生活排熱（例えば機械、冷房、自販機、冷蔵陳列、自動車・大中小型トラックなど）、熱、熱、熱の放射スパイラルの状態にあります。もし、異常高温気象が頻繁に起こった場合を想定すると、夏季の4か月間のエアコン電力需要（車と業務用冷蔵器類は除く）は、現在の1500万KW程度ではすまなくなるでしょう。このような熱汚染は、とくに健康的・経済的弱者にとっては深刻な障害となるでしょう。熱波や熱射（日射ではない）の増強と長期化が、健康被害や感染症の激増、被害の高齢者や幼児への集中、そして住居構造や生活環境の違いや所得・労働環境差による被害の軽重を引き起こすことは容易に想像できます。

さらに、乾燥と高温下における水不足や火災の発生は深刻なものとなるでしょう。つまるところ、地表を不透水化し雨水や融雪水を一気に流しだしてしまう都市構造物の受益者とそれによって引き起こされる様々な災害の被害者は、直接・間接を問わずいずれも結局のところ地域の住民・市民なのです。私たちには異常降雨や高温発生の頻度を制御することは不可能ですが、平常性バイアス（正しく恐れる）をもつことはできます。そうすれば、まちの不透水化にお金をかけるよりも、まちの中に降雨を吸収し、昼夜温の格差を広げてくれる構造に変えていくことに合意が得られるはずです。

2）生物・生態系への影響

　今日、地球規模で極端な高温化と乾燥化の頻度が高まり、このことがヒートアイランド化による都市の熱波リスクをさらに高めていると考えられるようになりました。北米での熱波の長期化による深刻な健康被害や森林火災の急増、欧州での熱波による死亡の増加、森林火災や森林からのCO_2放出の増加、さらに、豪州・ニュージーランドも同様に熱波による高齢者の死亡と森林火災の増加が報道されています。このように、温暖化の進行と都市域での高温化が相加的あるいは相乗的に作用した被害が地球上の各地で起こり、また大規模にみられるのです。日本においても、温帯性樹木や草本類が昼夜温較差の消失から生理的休眠に入れなかったり、長期化する昆虫や微生物の活動によって衰退するのが目につきます。

　それでは、ヒトをはじめ哺乳類や植物はどのような影響を受けるのでしょうか、変温動物や昆虫類、微生物類はきわめて複雑（よくわかっていない）なのでここでは触れないでおきます。哺乳類は基本的に体内の熱を発汗作用によって体外に放出し体温を維持（冷やす）しています。植物も蒸散作用によって体内温度をほぼ一定に維持しています。したがって、日中は外気温が高く常時熱が体内に吸収されますが、発汗あるいは蒸散作用による気化熱によってそれを放出します。しかし、夜間になっても気温が下がらないと発汗や蒸散作用が続けられ水分が急速に失われ、熱は体外に出ることなく蓄積されることになります。この昼夜温格差の消失による熱問題は、ヒトでは熱中症の発症、ペットなどの健康障害、畑作物での稔実不良、果実では結果不良、樹木の病虫害の頻発などさまざまな経済的被害を引き起こしています。

3）地温と地下水温の上昇

　私たちが生活する地面の数メートル下には、帯水層とよばれる地下水系があります。太陽熱は舗装やビルを通して熱伝導によって地下に移動し、地下水温の上昇に大きく関係しています。北ヨーロッパや北アメリカの都市においては、ヒートアイランド化の進行に伴い、熱が地下水にまで入り込んでいることが報告されています。カナダでは130mの深さまで熱が浸透し水温が5℃も上昇したとされています。都市での地温や水温の上昇が土壌微生物や土壌動物、植物の根系に何らかの影響を与えていることは確かですが、これから先、これらが私たちの生活活動にどのように影響するのか、地表だけでなく地中の環境問題についても、発電所や工場の地下パイプラインからの熱消失（土壌への熱移動）を含めて注視していく必要があります。

4．熱環境の変化で変貌するまちの自然植生

1）雑草繁茂の促進

　環境、特に温度変化は植物相に大きな影響を及ぼします。都市・市街地には人間が植栽した以外に非意図的に発生・生育する多種多様な植物（雑草）が繁茂しています。ここでとくに雑草を取り上げるのは、雑草が環境の変化に対して植栽植物よりも敏感に反応し、発生・生育量および種類を変化させることと、都市の雑草が生物の食物連鎖系の第一次生産者として衛生害虫、病原媒介鳥類など動物媒介感染症の発生と直接的・間接的に密接に関係しているからです。都市域環境での年間雑草生育量（生体重/面積）は、農業地域環境での生育量に比べて数倍になるという報告もあります。日本における現在までの100年間の気温変動をみると、ヒートアイランド化によって都市の年平均気温は2.0〜3.3℃程度に上昇していますが、これは夏期気温の上昇よりも冬期、春期、秋期の平均気温が上がったことによります。特に日最低気温が冬期では4.7〜6.0℃、春期3.8〜4.6℃、秋期3.9〜6.1℃（鹿児島から札幌までの10都市）に上昇したことが大きく影響しています。この秋期から春期の温度の上昇は、雑草生育量と季節的変化（フェノロジー）に大きな影響を及ぼします。なお、このような変化には温度だけでなく、窒素降下物や舗装面からの掃流物質による土壌の富栄養化が進んでいることも促進要因としてはたらいています。

2）雑草の変化が起こす被害

直接的被害：旺盛繁茂する雑草が街路樹や他の栽培植物の生育を阻害し、美観・景観を損ね、また土地利用の障害になっていることはもちろんですが、雑草量の増加で刈取り廃草量が増えCO_2の排出増加という環境への負の影響も見逃せません。さらに、多くの雑草種の花粉がアレルゲンとなることが知られています。この花粉量は、まちの温暖化によって著しく増え、その散布される期間も大幅に長くなることが認められています。今日、春期にはカモガヤやネズミムギなど、秋期にはブタクサやヨモギなど雑草に原因するアレルギー性炎症が増加傾向にあります。もちろん、樹木（スギやヤシャブシなど）の花粉量も冬期の温暖化によって増加します。そして、舗装上に落下したこれらのアレルゲン物質は、車などの移動によって再び舞い上がることになります。昨今のアレルギー性炎症候群の発生に季節性が見られないのは、ヒートアイランド化、雑草、舗装が深く関与しているからです。

間接的被害：昨今問題となっているヒアリやスズメバチ被害、蚊が媒介する脳炎やデング熱の発生、ハエが媒介する腸管出血性大腸炎O157被害、野鳥がキャリアーの鳥インフルエンザ被害、そしてマダニ類による日本紅斑熱やウイルス性脳炎の感染、豚コレラなどは、長期高温化する都市環境とそこに定着する雑草が大きく関わっています。ここで強調したいことは、ヒートアイランド化の進行で雑草の生育期間が長引き生育量が増加することが、これに依存している媒介動物や野生動物の増加、ひいてはヒト感染症、獣害、家畜・家禽の感染症の被害拡大をもたらしているということです。加えて、舗装による掃流水の発生と車両の移動はこれら病原生物の拡散に大きく作用していることです。このような生物による被害の拡大は、地表を無頓着に改変してきたことにもよりますが、なによりも地表が不透水化したことに原因する環境システムの破たんとは考えずに、被害が発生するたびに対処療法的（殺虫剤・殺菌剤の投与・散布や家畜の殺処理）に扱ってきたことによります。

5．台風頼みのヒートアイランド対策

　現在、幸いにもといえるかどうかわかりませんが、私たちのまちを覆っているヒートアイランド・ドームは、台風が雲散霧消してくれているのです。台風一過、まちの空はドームが綺麗さっぱり吹き飛ばされすっきりします。台風の

唯一の効用ともいいえますが、慢性化したまちの温熱環境がこれによって変わるわけではありません。温室効果ガスによる地球温暖化の対策と異なり、赤外線による都市の熱汚染の対策は、表土と植生を取り戻すことでしかできないのです。

第4章　舗装駐車場の現状を知ろう

　駐車場とは車庫でもガレージでもなく、自動車を一時的に停めておく場所です。自動車が現代社会に生きる私たちにとって不可欠な交通手段である限り、まちに適正な数と規模の駐車スペースが必要なのは当然です。しかし、駐車可能台数の確保のみの追求が都市・市街地に舗装平面を急増させ、これが私たちの生活環境に及ぼす悪影響については、全く考慮されてきておらず、いまだにされていません。本章では、まず駐車場の歴史と現状を知り、そして、総量として膨大な面積を占めるこの舗装平面が、私たちの生活環境の劣化にどう繋がっているのかを考えます。

1．駐車場整備の歴史

　そもそも戦前の日本には駐車場という概念はありませんでした。では、駐車場はどのようにして生まれたのでしょうか。日本に進駐した米国陸軍工兵隊は、接収地に舗装駐車場を次々と建設しました。それまでは、都市部に駐留車庫はあっても駐車は路上駐車が主流で、交通施設としての路外駐車場の概念はGHQから教えられて初めて知ったのです。1945年、連合国軍最高司令官総司令部（General Headquarters / Supreme Commander for the Allied Powers, 以下GHQ）は、日本における占領政策を本格化させました。占領政策の基本方針として、既存の国家機構を最大限利用した間接統治による民主化の達成がありました。そのため、軍事部門である参謀本部のほかに、民生部門である幕僚部が設置されました。駐車場とGHQにどのような関係があるのか不思議に思われますが、当時（1947年）、都心に国内用の自動車に加え外国人用車と駐留車が急増したことから、GHQ幕僚部が丸の内の交通渋滞と路上駐車問題を解消するための策を講じるよう指示したとされています。このような流れから、1954年、首都圏建設委員会は、「駐車場建設促進法要綱案」を策定し法制化を勧告しました。しかし、駐車場建設の促進法の法性化に関して運輸行政と建設行政の間に捉え方の違いがあり、2回にわたり法制度の提出が試みられましたが成立せず、ようやく1957年に「駐車場法」が公布されました。その後こ

31

の法令に従って各自治体で駐車場整備計画が策定され、1960年代半ばからの国
民の自動車保有台数の急速な増加に並行して、国や公共事業体の道路交通政策
の一環として駐車場の整備が図られて、今日に至っています。

2. 舗装駐車場の現状

　路外駐車場は道路の路面外に設置される自動車駐車のための施設で、一般公
共の利用に供せられるものであり、形状的にみると、平面駐車場、立体駐車場、
機械式駐車場に分かれます。このうち後二者は主に都市の中心部に限られたり
設置数が少なかったりで、私たちの身辺の駐車場の大半は平面舗装構造のもの
と推察されます。実際、市街地の航空写真からは、中小駐車場の高い密度での
点在（中小都市に多い）、少数だが大規模な駐車場（大型商業施設等）および
一部に駐車枡が白線で示された会社・工場等のアスファルト・コンクリート平
面が多く観察されます。しかし、形状別の統計的な資料は見当たらず、このこ
と自体、平面舗装駐車場の環境的な問題が意識されていないことを意味している
と思われます。

　路外駐車場は法的には都市計画駐車場、届出駐車場、附置義務駐車施設に分
類されています。2017年末現在の日本の自動車総保有台数は8,126万台、駐車
場総台数（車1台の停車できるスペースの数）は499万台です（自動車検査登
録情報協会資料による）。図4−1は、自動車保有台数と駐車場総台数の過去約
50年間の推移を示しています。このデータから次の点が注目されます。すなわ
ち、自動車保有台数の伸びは2000年頃から急速に低下し、過去10年はほとんど
増加していません。これに対して駐車場台数（つまり駐車場総面積）はこの間
も直線的に増え続けています。とりわけ附置義務駐車施設の増加は顕著で、現
在総台数の60％以上を占めるに至っています。10年間の自動車保有台数の増加
は1.03倍なのに対して、駐車場総台数の伸びは1.41倍（附置義務施設は1.51倍）
です。台数増加の著しい附置義務駐車施設とは、駐車場整備区あるいは商業施
設において、建造物の新築・増築に際し、地方公共団体の条例で設けることが
定められている駐車場です。附置義務の台数の推移から単純にみれば、1990年
頃から今日にかけて建造物の新築・増築が急激に直線的に増えていることにな
りますが、果たしてそうでしょうか。百歩譲ってそれが事実としても、一方で
不用になる駐車場も毎年出てきているはずです。しかし、図4−1の台数急増

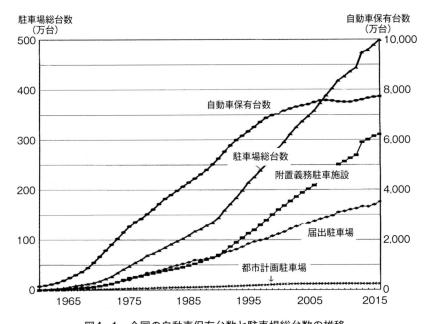

図4-1　全国の自動車保有台数と駐車場総台数の推移

（国土交通省都市局街路交通施設課、自動車駐車場年報平成28年度版より）

からは、これが整備と廃棄の差し引きの値には見えません。また、最近は、「とりあえず駐車場」や「まちの虫食い駐車場」などとよばれる暫定平面駐車場（届出駐車場に分類される）もあちこちに点在しています。そこには、放任空地にして雑草の対策に苦慮するより舗装化しようという思惑もみえ隠れします。以上のような推移からは、道路交通の円滑化の施設としての適正な数の駐車場整備という本来の目的を乗り越えて、駐車場が必要以上に自己増殖し、またそれに地方公共団体の推進力がはたらいている状況がうかがえます。

　近年、世界の主要都市は、車の利用を制限し関係施設を減らす方向に舵を切っています。また、これから先、低燃費車やEV車など省エネルギー自動車の普及、少子高齢化による自動車の個人所有の減少や車のシェアリング、アイドリング配車サービスや無人自動車の出現など、自動車自体のまちへの環境負荷は小さくなっていくことに間違いありません。最近は、日本でもいくつかの都市で駐車場の過剰が住民の意識に上がり、その有効利用という意識で他の施設への転用の企画や試行がみられています。しかし、残念ながら、舗装平面の存在

が、まちの生活空間の快適さに生活者の健康にどれほど負荷を与えているかという危機感からの発想ではないようです。

3．舗装駐車場内の熱環境

　まち暑熱化のおもな原因が地表面の舗装による蓄熱作用と蒸発冷却能力の低下であることは前章で述べましたが、では、舗装駐車場における気温の垂直分布はどのようになっているのでしょうか。駐車場において、太陽からの放射エネルギーは、アスファルトおよびその下の地温の上昇、空気の加熱、車両温度の上昇に使われます。周囲がビルで囲まれている駐車場、フェンスや塀で区切られた商工業敷地内駐車場、緑地公園や寺社・史跡の駐車場など場面によって差はあるものの、駐車場内は基本的に特徴的な熱環境を作り出しています。以下、鳥取大学のアスファルト駐車場で測定された日中気温および夜間気温（淑敏ら、2011）に基づいて説明します。

　舗装駐車場の熱環境は、しばしば日中の地表面温度で示されますが、地表面からの距離および日没とともに変化する気温によって特徴づけることが必要です。図4－2は。暑熱が著しい8月の駐車場内の日中（9：00〜19：00）と夜間（20：00〜4：00）の日平均気温の垂直分布の例を示しています。日中の平均気温は舗装面に最も近い0.1mが最も高く35℃、1.0m以上の高さでは32℃と変わらなくなります。この時の路面温度43〜56℃ですので、路面から離れると10〜20℃の変化が見られることになります。夜間になると日平均気温は下がりますが、0.5m以上の高さで29℃、0.1mで30℃、日中との温度差は3〜5℃と大きくありません。夜間の舗装面温度は31〜33℃と放熱によって日中温度より18℃近く下がりますが、まだ気温より高い値を保ったままです。このように駐車場内の気温とは、高温で昼夜温較差が小さく、また地温が気温より高く放射冷却によって大気が冷やされないことを示しています。なお、緑陰下の日中地表面温度は、日向の地表面温度より10℃前後低い値を示しますが、地表の平均気温は日向と比べて大きな差異は見られません。夜間の緑陰下の地表面温度と地表平均気温は日向とほとんど同じ値になります。

　駐車場の熱環境の特徴は、日中の高温化もありますが、日没後も高温状態が続くという点です。一晩中舗装面から放出される熱、舗装面が冷えることなく朝を迎える、そして再び太陽放射エネルギーの吸収を繰り返すことになります。

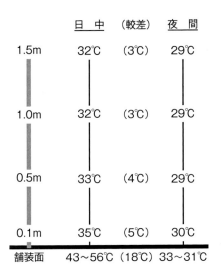

図4-2　舗装駐車場内における8月の日中（9－19時）および夜間（20時－4時）
の温度の垂直分布（値は日平均、測定：鳥取市内）

現在、舗装改良、保水性舗装、日射高反射舗装、特殊緑化などの技術開発が盛
んに進められていますが、熱画像でこれら資材の表面温度に見られる差が、そ
の上の大気温度に反映しているのかどうかは検証されていません。ちなみに、
熱画像における色分けは、各画像についての相対スケールなので、異なる画像
間を比較する場合には注意を要します。

　最後に、駐車中の車内気温ですが、日中には55℃を超えることもありますが、
日没とともに急激に低下し、ほぼ野外気温と同じになります。駐車中の車内気
温に舗装面が影響することはありませんが、その逆もありません。

4．まちの駐車場の諸問題

　今日、BBCをはじめABCやCNNなど欧米のTV報道を見ていると、路上の縦
列駐車は普通で、時々ヒトと自転車の軋轢などの問題が取り上げられていま
す。駐車違反で即刻罰金の日本から見ると、むこうでは路上駐車は違反でない
ようにみえます（筆者のいたアメリカの中都市では路上駐車はOKでした）。少
なくとも英国や米国では、車庫証明の提出や駐車場の附置義務のある日本と

35

違って、むしろ駐車場の附置を規制しているように思えます。どうも駐車場の環境汚染問題の方が道路の交通障害の問題よりも大事なことと考えられているようなのです。そこで、米国などにおいて、大規模駐車場（米国ではcarparkとよんでいます）の負の影響について、どのように解説されているのかを紹介します。

駐車場で発生する化学汚染物質：先ずは、駐車場の舗装材（コンクリート・アスファルト・ブロック・コールタール・モルタル・スラグ・その他）からの汚染物質ですが、コンクリートやモルタル（ブロックの目地も含めて）からは炭酸カルシュウムの溶脱だけですが、アスファルトやコールタール舗装からは炭化水素類が溶脱します。この炭化水素類はPAHs（polycyclic aromatic hydrocarbons）とよばれ, ピレン、ナフタレン、アントラセン、ベンゼン化合物など数多くの有害物質が含まれています。また、先般舗装工事などで使うスラグの鉛含有量が土壌環境基準を超過していたことが見つかり、製造販売会社の株価が一時ストップ安を付けたことが報道されました（2019年）。私たちは舗装の有害物質などあまり気にしませんが、一概には化学的に無害とはいえないのです。

次に駐車場に出入りする車両からの汚染物質ですが、ガソリン、ディーゼル、軽油、天然ガスなど燃料によって若干異なりますが、基本的に7つが挙げられます。いうまでもありませんが、CO_2、CO、NOx、HCs（炭化水素類）またはVOCs（揮発性炭化水素類）のガスと、PM（微粒子物質）、HM（鉛など重金属）、その他有毒物質（ベンゼン・フォルムアルデヒドなど）が排出されます。また、車両面からは、コーティング剤・塗料・ワックス・さび止め・油膜とり・くもり止め・洗浄剤などの化学物質が、タイヤからは重金属や炭化水素類が剥落または溶脱します。私たちは、個々の車の燃費やエコ度は気にしますが、駐車する数百台の車両から降雨のたびに溶脱される大量の化学物質に、もう少し関心を向ける必要があります。

駐車場のポイ捨てごみ問題：今日、環境汚染物質として取り上げられているものにプラスチック問題があります。駐車場とプラスチック汚染の関係は、ひとことでいえばドライバー、すなわち駐車場利用者のポイ捨て行動によって発生する汚染だということです。駐車場で大量に発見される（大げさな表現ですが）プラスチック系のゴミは、たばこのフイルター、容器のキャップ、コーヒーやカップ麺の容器やふた、スターラーやストロー、クリームやシロップの空容

器、調味料・香辛料・ドレッシングなどのフイルム包装の空、トレイや容器、包装袋や包装箱、ビニール袋やレジ袋など数え上げればきりがないほどです。これら舗装駐車場のプラスチックごみは、豪雨の後きれいさっぱり消えてなくなります。云うまでもありませんが、近海のマイクロプラスチック汚染は海洋投棄よりも、河川から大量に流入する比較的小さな容器包装が問題です。

　駐車場からのRunoff問題：私たちの先祖は、降水の管理と土砂の流失を制御するために治山治水工事をはじめ溜池の設置など多大な苦労をしてきました。それでは、降雨の90〜100％を流出させる舗装駐車場からは何が起こるのでしょうか、簡単なシュミレーションをしてみます。仮に2000㎡の舗装駐車場が附置されたショッピングセンターから流出する雨水量を計算すると以下のようになります。ただし、建屋からの雨水は全て排水管を通して外部に排水されるものとします。現在、全国の年間発生回数が約4割以上増加した「滝のように降る雨」と呼ばれる一時間50㎜の降雨の場合、この平面駐車場から発生する表面流水量は1時間で800〜900kℓとなります。この半分の降雨でも400kℓ、建屋からの排水量も考えると、瞬時に車が流されたり、冠水したりすることになります。いずれにせよ、内水氾濫と水質汚染の拡大防止の観点から、大型の共用駐車場をやみくもに舗装するという慣行は考えなおすことが必要です。

　舗装駐車場の産業廃棄物問題：舗装とは砂と砂利をセメントまたはアスファルトで固めた構造物です。骨材と呼ばれるこれらの砂と砂利は水食によって造られる有限の天然資源です。風食によってできる砂漠の砂は利用できません。コンクリート舗装のほぼ75％、アスファルト舗装の90％以上が骨材から成っています。舗装の耐用年数は様々ですが、最終的には産業廃棄物として処理されます。この廃棄物から砂・砂利をリサイクルすることは出来ないので、舗装は環境費用（採掘による自然破壊、資源の低付加価値利用、廃棄処理費用）が極めて高くつく構造物なのです。したがって、不必要に舗装するということは実にもったいないことです。

第5章　芝生の特性を知ろう

　まちの地表面の大きな割合を占めている舗装被覆が、その貯熱・放熱性、不透水性からさまざまな生活環境劣化の原因になっていることは、第2、第3章で明らかにしてきました。平面被覆として舗装とは対極する性質をもつのが'芝生'です。したがって、舗装による環境負荷を取り除くのには、芝による被覆に置き換えるのが最適の方法といえます。本章では、長い人類の知恵が反映されている'芝生'について、その発達の歴史を振り返るとともに、地表面被覆としてなぜ、どのように優れているのかを、とくに舗装被覆との比較で解説します。

1．芝生の発達と利用の歴史

1）世界における歴史

　芝生利用の歴史はペルシャ庭園の緑のカーペットに始まり、アラビアン庭園に広がり、後にペルシャ芝生庭園としてギリシャ、ローマの庭園文化に取り入れられたとされています。北ヨーロッパに芝生庭園が生まれたのは比較的遅く、13世紀になってはじめて、英国の文献に見られるようになります。16～17世紀になると、芝生は、英国をはじめドイツ、フランス、オランダ、オーストリアなど北ヨーロッパで一般的になり、村やまちの憩いの場や公園に利用されるようになります。18世紀に入ると、それまでの花や樹木中心の庭園技術から独立して、芝生の育成・管理技術の開発が盛んになり発展していきます。そして芝生利用技術は、旧コモンウェルズのカナダ、オーストラリア、南アフリカ、アメリカなどに広がることになります。

　本格的な芝生の研究は、1880年アメリカ・ミシガン州農業試験場で始まります。20世紀に入ると、米国農務省は、バージニア州にアーリントン芝生試験園を開設し、芝生の開発・研究に本腰を入れ始めます。目的は農地の荒廃と風食を芝生化によって止めることにありました。1920年、農務省は芝生の産業化を目的としたグリーンセクションを全米ゴルフ場協会の協力を得て立ち上げます。その後、各州の農業試験場は、次々に芝生の試験部門を新設していくこと

になります。同時に各州にある大学においては、芝生の生理生態、芝草の育種、芝生の保護・育成・管理技術などの研究が進みます。現在、全米には数万人の認証表土専門監督官（Turf/Ground Superintendent）の存在があり、芝生緑地の管理責任者としてゴルフ場や野球場をはじめ、公共および商・工業施設の芝生環境および経済効果の向上に活躍しています。このように欧米は、芝生を産業資源として官・学・産でその開発に取り組んできたことがみてとれます。今日芝生は、その機能的価値、リクリエーション的価値および園芸的価値が人々の生活になくてはならない重要な資産とされることから、その管理技術者の社会的地位（給与も）は高く、知的生産者として扱われています。

　芝生産業は、今日世界に広く浸透し、私たちの生活を守り豊かにする多様な商品やサービスを提供する、なくてはならない事業となっています。その事業場面は、大きく分けて次の三つがあげられます（図5-1）。

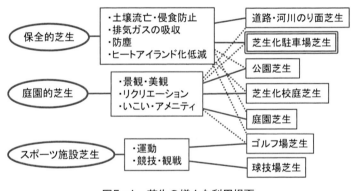

図5-1　芝生の様々な利用場面

①地表面および地表に近接している生活活動の環境を災害や汚染から保護する。
②庭園、公園、施設などの地被植物として、修景的役割や憩、寛ぎの場を提供する。
③ゴルフ場やスポーツ施設（サッカー場その他の球戯場）を構成する。

2）日本における歴史

　私たちは、日本列島が古くから森林で覆われていたと考えがちですが、かつては現在よりもずっと広く草原が分布していたことが明らかになっています。ひと昔前の日本列島は、'草山や萱場'とよばれる農業利用草地（緑肥用・厩肥用・屋根材用・俵用イネ科植物の採草地）と'まき・牧'とよばれる馬産利用草地（採草・放牧・狩猟場用イネ科植物の育成地）で覆われ、そしてまぐさ用イネ科植物がいたるところに栽培されていたのです（現在はスギ・ヒノキ人工林に代わっています）。この中で、シバ（*Zoysia*）属のシバ（ノシバ）からなるイネ科短草型草地の牧が日本の芝生利用の始まりと考えられます。牧の多くは列島の火山性高原や火山山ろくに分布し（火山の爆発後にできる二次植生または火山灰土に移植された人工草地と考えられます）、火入れによって維持・利用されてきました。ちなみに今日黒ぼくとよばれる腐植の多い火山灰土が全国に分布していますが、この黒色の腐植はイネ科植物によって形成された貯留炭素であることが明らかになっています。馬産利用以外では、古くは古墳の墳丘斜面・土塁・築堤の崩壊防止や土葺き材として、近代までは治水工材、土塁工材、地盤安定材など土木資材として利用されてきました。とくに戦前の草地は、陸軍の軍用馬の増産、飛行場（日本の飛行場は芝生だったのです）や軍事施設などの地盤安定資材の供給、また治水3法の災害地復旧の仕様資材の生産の場として国から厚く保護されていました。このように、日本の芝生利用は、軍用馬産と土木工事後の短期的土壌保全が目的であったため、戦後、内燃動力機関の導入と'土'と'木'が基本の'土木'工事が鉄とコンクリートの施工に変わることによって、芝生の利用は停滞し衰退してしまうことになります。私たちが芝生景観を目にするようになった契機は、戦後、米国陸軍工兵隊仕様の広大な芝生から成る米軍基地、芝生に囲まれた在留米国人住宅、そしてゴルフ場などが突如として私たちのそばに出現したからです。そして、その後、日本人は欧米からのゴルフ文化等に触れ、芝生を眺めるものから使うものとして理解し、芝にも様々な種類があり刈り高や配置によって多様な使い方ができることを知りました。しかし結局、米軍がもたらした舗装化と芝生化の二つの土面被覆技術のうち、舗装の方が重用されたのは、芝生の活用よりも対価が明瞭な舗装の方が、企業にとっても政府にとっても経済・環境効果が理解しやすかったからだと思われます。

2．芝とはどんな植物か

1）イネ科植物とは

　芝生として利用されている植物はすべてイネ科に属しています。イネ科は種子植物のなかで大きな科の一つで、世界に約600属、9500種余りがあると推定されています。そのうち約40種が世界各地でその土地の気象条件などに合わせて芝生として利用されています。では、イネ科とはどんな特徴をもった植物群でしょうか。世界の代表的大草原ステップ、サバンナ、プレーリー、パンパスの植生は、今日イネ科植物が中心といえますが、少なくとも2万年前のステップでは、広葉草本がイネ科草本より優勢であったそうです。その後イネ科草本が優勢になってきたことで、マンモスなどメガファウナの多くの種が餌の不足から衰退していったといわれています。イネ科植物は第三紀になって登場しますが、このことは、哺乳類相（後のヒトの出現）にとって決定的に重要でした。なぜなら、イネ科植物はヒトが利用するうえで、全般的にきわめて優れた性質をもっていたからです。まず、地上部の形態的特性として、ケイ酸を含むその茎葉が丈夫なこと、再生のもとになる芽の多くは地際にあること、これらの芽は高位節の芽も含め葉鞘に包まれて保護されていることによって、双子葉草本に比べ刈取りや踏みつけ、動物による摂食に対して高い耐性をもつことが挙げられます。また、地下部には細根をよく発達させ、土壌を細かく捕縛し土壌流亡を防ぎます。この細根の枯死、新生が繰り返されることで、表土全体に継続的な有機物の供給がなされ、微生物相が豊富で肥沃な土壌が形成されていきます。さらに、長さが良くそろってしっかりした茎葉は、資材として優れているとともに、美しく良質の植被マットを形成します。ヒトにとっての草の歴史は、主としてイネ科植生との共存の物語といえるでしょう（イネ・ムギ・トウモロコシもイネ科です）。

2）芝の種類・構造・生態

　芝生になり得るイネ科植物に共通の構造的特徴は、地表下を拡がる根茎（ライゾームともよばれる）や地表を拡がるほふく茎を発達させ、これを基盤として成り立っているところです。したがって、芝草の基本単位はライゾーム・ほふく茎とその節から発生するシュート（茎葉）＋細根ということになります。垂直的に見ると、'芝生'はシュート（茎葉）、根茎（あるいはほふく茎）、細

根、サッチ（地上部の刈カスとその分解物）、土壌、地下部の枯死崩壊物で形成されています（図5-2）。芝生とはこれ全体を称し、目に見える緑の表層のことではありません。ちなみに、'芝地'とは'芝生'に覆われている土地のことです。

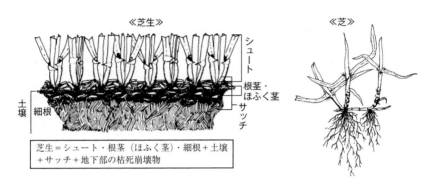

図5-2　芝生および芝の基本構造

　芝生は永年的に維持されますが、植物体としては新しい生長と古い部分の衰退が常に起こっています。すなわち、季節の変化に対して芝特有の部分的な生長（生産）と老化・枯死（崩壊）を繰り返していく年周期があり、また、刈込みによりシュートの旧部分が取り除かれると根茎節の芽（腋芽）から新しいシュートが発生します。このような周期的変化や切除後の再生機能は、多年生植物であれば芝生も緑化樹等の樹木も基本的には同じです。しかし、地被植物である芝草は、浅い客土層と地表面付近の狭い限られた空間に生育し、地上部・地下部ともに広い空間に生育できる樹木とは異なっています。つまり、芝生にとっての生活の場は、地表の上下に構成される狭い層に限定されているのです。したがって、健全な芝生維持には、この上下に狭い空間で生きている芝という植物に生長の循環をいかに上手にさせるかが鍵になります。しかし、現実の芝生管理の大半は、そういった視点なしに行われているのみならず、現在の駐車場芝生化に至っては、芝草をわざわざより狭くより住みにくい環境（細かい資材の間）に押し込めているのがほとんどです。

　芝生に利用される芝草は、日本では約10種類ですが、暖地型と寒地型に大別されます（図5-3）。前者はC_4植物、後者はC_3植物です。植物の光合成系は光

反応系と暗反応系から成り立っていますが、C_3, C_4というのは、暗反応系においてCO_2固定の際に炭素が3つの化合物として取り込まれるか、4つの化合物に取り込まれるかの違いです。この2つの経路の違いが様々な生理的特徴において差異を生じており、C_4植物である暖地型芝草はC_3植物である寒地型芝草よりも、光合成効率、水利用効率、高温乾燥適応度が高いのです。このことは、少なくとも夏季に高温乾燥する関東以西の日本では、芝生の材料としては暖地型芝草を選択すべきことを示しています。

3）わがまちに合った芝生を調べよう

　現在、世界各地でその地域の気候や利用条件に合った種類が芝生として使われ、その数は40種類ぐらいとされています。日本では、そのうちの10種類ほどが容易に入手できます。図5-3は温量指数によって日本の気候を区分し、適応する芝草の種類を示したものです。本図からは地域レベルでの適応草種が概ねわかりますが、私たちのまちの温量指数を求め、私たちのまちに適応できる芝生の種類を調べてみてはどうでしょう。

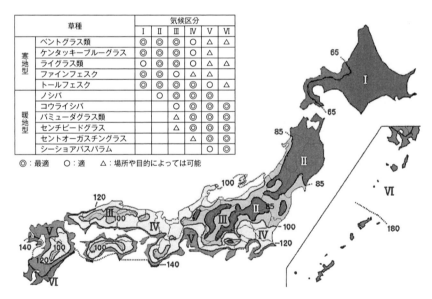

草種		I	II	III	IV	V	VI
寒地型	ベントグラス類	◎	◎	◎	○	△	△
	ケンタッキーブルーグラス	◎	◎	◎	○	△	
	ライグラス類	○	◎	◎	○	△	△
	ファインフェスク	◎	◎	○	△	△	
	トールフェスク	◎	◎	◎	◎	○	△
暖地型	ノシバ		○	◎	◎	◎	
	コウライシバ			○	◎	◎	◎
	バミューダグラス類			△	◎	◎	◎
	センチピードグラス			△	◎	◎	◎
	セントオーガスチングラス				△	◎	◎
	シーショアパスパラム					○	◎

◎：最適　　○：適　　△：場所や目的によっては可能

図5-3　温量指数による気候区分と適応芝生の種類

（ゾイシアンジャパン㈱提供を一部改変）

44

　私たちのまちの温量指数を調べるには、まず、近くのアメダスポイントの平均気温の月別データを調べます。気象庁のホームページから「過去の気象データ検索」のページを開いて、「各地の気温・降水量・風など」のタブを開きます。続いて、「都道府県」を選択しますが、ここでは兵庫県をクリックし豊岡にポインターを合わせてみます。すると、このアメダス観測所のある場所の緯度・経度と並んで標高34mが記されています。標高は重要ですので、この数値を記録しておきます。つづいて豊岡のデータの種類から「年月ごとの平均値を」クリックし、気温の30年間の月平均値を書き写します。この月平均値から5℃を引いた値を出します。ただし、マイナスになる1・2月は空白としておきます。数字がある3月から12月までを加えた値がこの地点の温量指数となり、豊岡では115.3となります。豊岡に適用できる芝生は気候区分Ⅴに属する種類ということになります。

3.　芝生の環境保全機能

　暑熱化抑制機能：芝生の最も重要な環境便益は、まちが高温化することの抑制に役だつということです。その理由は、芝生の緑色植物としての機能と植物体が地表面を被覆する形で存在するという2点です。太陽光線は、芝生の葉によって「反射」「吸収」「透過」されます。ここで重要な点は、緑色植物である芝では、太陽エネルギーは体内の受容体（クロロフィル、フィトクローム等）によって生理作用に必要な波長が選択吸収されているということです。吸収されるのはほとんど可視光線（波長領域：400〜750nm）に限られ、体内で熱に代わる赤外線はほとんど吸収されません。しかし、少しは吸収されるので、熱の芝生からの移動よってその上層空気は日中には1〜2℃上昇し、気温よりやや高めに推移しますが、日没とともに低下することになります。一方、無生物物体である人工芝、ゴム舗装、金属資材（アルミニュームは除く）、木質資材、砂利等では、その構造分子の特性に応じて単に物理的に太陽光の赤外線を吸収し貯熱します。芝にはまた、葉からの蒸散作用による気化熱で葉温、ひいてはその上層の温度を低下させるというはたらきがありますが、他の物体にはその機能はありません。芝地の温度が他の地上物体より（裸地に比べてさえ）低いのは、このように地表に密生している芝の葉が貯熱と放熱をしにくいことによるもので、赤外線の吸

収と熱伝導によって急速に蓄熱し、夜間も昼間も気温より高く保たれる舗
装表面と大きく異なるのは当然です。夏季の晴天下の表面温度で比較する
と、日中〜夕方の舗装面では外気温や芝生面より10℃以上高くなっているの
がわかります（図5-4）。芝生では裸地や外気温より若干低く保たれていま
す。ただし、よく誤解されるのですが、芝生に「温度を下げる＝空気を冷やす」
というはたらきがあるわけではなく、芝地で大気温が相対的に低く維持される
のは、芝が作る熱環境が、温度格差や冷たい空気の流れによって大気中に移動
するからです。

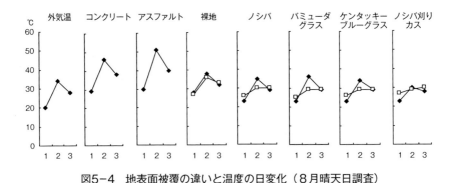

図5-4　地表面被覆の違いと温度の日変化（8月晴天日調査）
◆――◆地表：1-2-3＝8時-15時-18時、□―□地下5cm：1-2-3＝8時-14時-18時

表面流水の防止と表土への水浸透の促進：芝生は大量の短く細い茎と葉、そ
して膨大な細根や堆積リター（有機質残渣）によって地表面の水の流れを
抑制するとともに、地下への水への補給を円滑にさせます。例えば、降雨に
よって生じる表面流出水量が、芝生に比べて農地で11倍大きいことからも、
芝地が地下水への水の補給にいかに大きな役割を持っているかがわかります。
また、降雨によって農地から流出する全窒素量と燐酸量は、芝地と比べてそ
れぞれ195倍と240倍となると報告されており、芝地が湖沼や河川水の富栄養
化の防止に極めて有効であることも示されています。さらに、芝地の土壌生
態系では、豊富な土壌微生物と土壌動物による土壌有機物の分解・団粒化が
促進され、これによって土壌の透水性と保水性が改善され豊かな表土が形成
されます。このように、芝地は、豪雨対策費用、水の汚染対策費用、地下水
汚染対策費用の軽減に確実に役立っています。

　有害有機化学物質の分解に役立つ：目に見えない膨大な“分解者”によって支えられている芝地生態系（葉・茎・地下茎・細根・サッチ・土壌・土壌微生物・土壌動物）は、有機化合物や降下エアロゾル化合物を分解することに役立っています。まちの地面に芝生を組み入れることは、コンクリート・アスファルトからの汚染流水の捕捉・濾過・除去ゾーンとしてはたらきます。また、駐車場・道路サイドに芝生を設けることは排ガスからの一酸化炭素（CO）の浄化にも有効なことが認められています。

　炭素を貯留し温室効果ガスの削減に寄与する：都市域の芝地（住宅・公園・スポーツ施設・公共施設緑地・レクリエーション施設・ゴルフ場・インフラのグリーンベルト・商工業緑地などの緑地）は、CO_2を吸収し、重要な炭素の貯留場所を提供しています。これらの芝地が年間に吸収する二酸化炭素の総量は極めて大きく、まちのカーボン・マイナスに大きく貢献しています。

　表土の改善と修復にはたらく：イネ科多年生植物である芝は、表土に大量の細根バイオマス供給し、その分解有機物によって土壌を改良しています。そして、環境的に損傷・劣化している裸地（表土消失地）の表土回復を促進します。放棄地や荒廃地の土壌の保全や景観修復に役立ち、後々の土地利用の価値や範囲が広がることになります。

　表土資源を水侵食と風侵食から守る：芝生の高い茎葉密度と細根密度は、土壌を安定化させる高い能力を持ち（樹木などに比べて）、大事な表土を保護しています。芝生は刈り込みによって1000㎡当たり7500万本から2億本以上の茎葉密度にすることができ、これによって土壌の流出を抑え、粉塵の発生を少なくすることで、各種施設に発生する粉塵、汚泥、泥濘問題の軽減に、最も費用対効果の高い手段となっています。

　景観の形成：芝生があることで形成される美しい景観は、人々に精神面での付加価値を与え、健康に寄与することが認められています。それによって、生活をより豊かなものにします。

4．芝生によって向上するまちの環境

　私たち日本人には、芝生を生活環境の改善に積極的に使うという文化があまりありません。そのため、芝生の導入が生活圏の環境全体に何をもたらすのかを具体的に説明されることがありません。私たちのまちにはすでに多種多様な

緑地がすでに存在していますが、緑地は存在目的や利用目的は違っても基本的には表土と植生（樹木類・草本類）で成り立っています。ここで重要なことは、樹木の機能だけではまちの環境保全や改善に不十分なことです。樹木の機能に芝生の機能が加わることによって、まちの緑地環境は、相加的・相乗的に改善されることが認められているからです。このことから、地域のレベルで芝地を広げることは、次に挙げるような利点につながり、環境対策として最も経済的であるとともに実用的な手法と認識されています。

降雨に対して

- 表面流水に対する摩擦抵抗をより高める
- 表面流水の浸透性がより良くなる
- 地中流水下の流れをより良くする
- 表面流水量のピークをより遅延させる
- 表面流水量のピークをより低くする
- より少ない洪水量
- 地下水への補給をより良くする
- 水源貯留量をより高める

温度に対して

- より高まる蒸発散作用
- より低くなる地表温度
- より緩和される夏期午前中気温の急上昇
- より促進される夏期日没後の気温低下
- より大きくなる夏期の昼夜温較差
- より多くなる温室効果ガスの固定

表土に対して

- より少なくなる水系への表土の流亡
- より少なくなる水系での土砂堆積量
- より少なくなる水系への有機物の流入
- より改善される水系の富栄養化

大気に対して

- より強まる大気の浄化作用

生物に対して

- より生物の多様性が高まる

　地域にすでに存在する緑地面積に加えて、舗装面の芝生化によって芝地面積
が拡大すれば、以上のような利点がさらに発揮され、地域レベルでの緑地の環
境が大きく改善・向上されるということなのです。さらに、芝生化の個々の取
り組みが地域レベルで集合すれば、技術的にも経済的にも実現可能な防災・減
災の手法となりえるのです。

　さらに、砂や砂利をアスファルトやセメントで固めてしまう舗装を芝生化す
ることは、国土の貴重な自然資源である砂や砂利を大量に失い続けることに終
止符を打つことにもなるのです。

第6章　グラスパーキング（駐車場芝生化）とは

　舗装駐車場を芝生化する第一義的な目的は、降雨を吸収することよって現在進行する様々な社会的・環境的・経済的被害と損失を改善することにあります。今のところ、グラスパーキングの名称で始まった駐車場芝生化には賛成する人々ばかりでなく、効果に懐疑的な人もいれば、屋上緑化や壁面緑化など特殊緑化を推し進める人々も多くいます。もちろん、駐車場を芝生化しても改善できない不可逆的なものもありますが、芝生化技術の適用によって環境被害の抑止や改善につながることが多くあります。この章では、駐車場芝生化について全般的な理解を頂くために、芝生化の本来の目的および整備の実態と在り方などについて解説します。

1．'灰色'のインフラから '緑'のインフラへ

　第2章、第3章で述べたように、平面舗装が関わる都市型環境被害、すなわち①都市型水害の発生、②都市の暑熱化および大気汚染、③都市の土壌・水系汚染、④生物による汚染は、地表の不透水化の進行で生じています。世界の都市が同じような悩みを抱えていることから、パリ宣言においてこの問題の主因は、'灰色'のインフラストラクチャー、すなわち地表をコンクリートで埋め尽くし、生態系サービス機能（Ecosystem services）を毀損したことにあるとしたのです。このことから、都市の環境被害の軽減には、生態系サービス機能の再生と向上が基本とされ、'緑'のインフラや '水を吸い込む都市'などとよばれる局地的な生態系サービスの改善プロジェクトが至る所で始まっています。

　米国環境保護庁（EPA）は、植生や土壌の自然のプロセスを用いた '低影響開発計画'とよばれる雨水管理システム作りの実践に向かっています。これはRunoff（表面流水）防止し、大気・水質を浄化してくれる各種の緑地エリアを統合して、商工業地をはじめ住宅地などにおいても降水を吸収し、貯留の努力を要求するものです。実際に地方のショッピングモールの舗装駐車場は住民運動によって砂利化や芝生化が進められています。中国においては、2012年の

北京大洪水を契機に、都市部での水害の低減、水資源確保、水質浄化、生態系の改善が国家目標になっています。習主席の「海綿城市」構想は、2020年までに各実施地域の平均年間降雨量の70〜90％を貯留するという壮大な試みです。また、ＥＵ環境庁においても、地域の生態系サービスを向上するために、管理されているすべての緑地エリアをつなぎ、自然の持つ防災・減災機能をはじめとする様々な機能を地域づくりに活かす行動が推進されています。これに伴いドイツやオーストリアでは、インフラのコンクリートを「剥がす」や「土に戻す」が積極的に行われています。英国も、「都市に'表土と草'を取り戻す」がロンドン・オリンピックのテーマにあったように、舗装を削減しています。今、私たちにまずできること、それは「灰色の駐車場」を「緑の駐車場」へ替えることなのです。

2．駐車場芝生化によって改善できる生態系サービス機能

舗装駐車場を芝生化することは、不透水面積の縮小と透水性のある緑地面積の拡大という２つの点で生態系サービスを向上させます。すなわち、まちの多種多様な環境被害を防止するか軽減することにつながると考えられます。芝生化によって改善される駐車場の舗装問題は大きく分けて５項目あります（表6‐1）。①は駐車場から外部に流出する水量の抑制、②は駐車場から外部に流出する汚染物質量の軽減、③は駐車場から放出される赤外線量の防止、④は駐車場から発生する大気汚染物質量の削減、⑤は駐車場景観の改良です。

舗装駐車場が緑地にかわるということは、私たち市民・住民にとって社会的共通資産として'緑'のインフラが実現することになるのです。現在、都市公園法で規定する公園緑地の他に、公共施設緑地や民間施設緑地、そして、法律や規制・条令などによる都市緑地・市民緑地（都市緑地法）、工場緑地（工場立地法）などのインフラがあります。そして、私たちの周りの公園緑地も、公共施設緑地も、民間施設緑地も、工業緑地も、ゴルフ場緑地も、まちのあらゆる緑地を環境資源として活用すれば、まちの生態系サービス機能を確実に強化することができるのです。

表6-1　駐車場芝生化で改善されるまちの生態系サービス機能

まちの環境被害の種類	舗装駐車場	駐車場芝地
表面流水の発生	＋	－
降雨の透水機能消失	＋	－
降雨の保水機能の消失	＋	－
掃流水作用による汚染	＋	±
泥や汚染有機物の流出	＋	－
化学物質の流出	＋	－
ゴミの流出	＋	±
太陽熱の貯留と赤外線放射	＋	－
夏季の昼夜温較差の消失	＋	－
水の循環機能の停止	＋	－
生態系（生物）への影響	＋	±
大気の汚染	＋	±
粉塵・PMの発生	＋	－
CO_2・NOxの排出	＋	±
乾燥化	＋	±
景観の損傷	＋	－

注）＋：常に原因または一因となっている。±：量的に軽減または質的に改善される。

3．芝生化駐車場の整備と普及の実態

　駐車場の芝生化は決して新しいアイデアではなく、日本でその試みが開始されてからすでに30年以上が経過しています。各地で公共施設（自治体所有の建築物、公営集合住宅、公園、空港、運動施設等）で整備されるとともに、県や市の補助金を利用したもっと小規模な民間施設の整備も急速に増加して来ました。しかし、残念ながらこれらで整備された既成駐車場の大半は、今や'芝生化'がなされた形跡に誰も気付かないような代物になっています。すなわち、設置者にもその投資効果について懐疑的な向きが多く、また、利用者にも期待した機能が発揮されたという満足感がない現状です。この企画は、発想は良かったが結果は失敗であったというのが大方の見方ではないかと思われます。失敗の理由は次章で詳しく述べますが、芝生化の意義への理解不足や必要な技術の欠如にあるのではなく、ゴルフ場芝生や球技場芝生と異なり、整備工事の最大の関心事が芝生を造ることになかったことにあります。駐車場や芝生などというのは、一般建設工事においては常に付帯工事で'添え物'や'飾り草'とみな

されてきたことにあります。このような背景に加え、駐車場芝生化の目的と成果が関係者の間に正確に共有されず、駐車場芝生化に本来要求されるべき芝生の機能と効能など植物学的な検証がなされなかったこともあります。そして、芝生化の対価が工事のみに求められ、芝生が生み出す公益価値に置かれなかったことにもよります。

芝生化によってまちの生態系サービス機能を強化し、気象災害リスクに備えるには、工学的技術に加えて植物生理学・植物生態学的技術を統合することが必要です。

4．市民にとって駐車場芝生化とは

駐車場の芝生化が、生活環境や災害リスクの改善を目的としたものである限り、市民・住民がこれをどう受け取っているかは、最も重要な問題であるはずです。しかし、公共施設へのこれの設置者および補助金交付による推奨者（いずれも地方自治体）が、市民・住民の意識について積極的に情報収集されている例は少ないように見えます。市民・住民の関わり方には①駐車場芝生化の恩恵を受ける面と、②芝生化駐車場の設置者となってその維持管理に携わるという二つがあります。ここでは、兵庫県での調査で得られたこの二つの側面への市民・住民の意識について紹介します。

駐車場芝生化への期待：芝生化で何が変わると考えられるかに関して、2007〜2009年に実施された市民を交えた懇談会、勉強会、フォーラム等で様々な意見が出されました。それらを整理すると表6-2のようになります。意見の多くは、都市の黒い駐車場がみどりに変われば、健康的で、より住みやすくなることは確実と、芝生化について前向きに捉えています。

表6-2　芝生化駐車場への市民の期待内容の例（兵庫県での調査）

生活環境への影響	①酸素の放出、②景観が良くなる、③乾燥化の緩和、④粉塵の減少、⑤夏日の高温緩和、⑥憩い・散歩場所など
地域環境への影響	①緑面積の増加、②都市景観の向上、③高温・乾燥化の抑制、④雨水の循環、⑤熱こもり現象の抑制、⑥二酸化炭素の吸収、⑦自動車排ガスの吸収・吸着
広域環境への影響	①大気汚染源の縮小、②温室効果ガスの減少、③ヒートアイランド現象の緩和

　設置者による意見：まちなみ緑化補助事業による民間の設置者に対するアンケート調査（2011〜2012年実施）の例を紹介すると、141団体（回答率61%）のうちの60%以上が実感としてあげているのが、景観の向上と夏季温熱環境の改善でした。この他、防塵効果や大気の浄化というのも20〜30%ありました。また、半数以上が設置後、まちの緑・環境への関心を持つようになったと回答しています。一方、その維持管理に苦慮している様子も浮き彫りにされました（図6-1）。最も大きな問題として設置者があげているのは灌水の水道代（40%）でした。次いで刈込み、除草作業の手間であり、施肥・防除作業の手間、管理の人手・後継者の不足等で、総合すると維持管理に手間がかかるが人手が足りないという、大半の設置者に共通の問題意識がはっきりとみえてきました。しかし、ほとんどの管理作業が必要以上の回数行われていることが判明し、この問題は、管理者に対して‘適正な管理’についての情報の伝達が徹底すれば解決しうるものであることがわかりました。無駄なコストと無駄な労力をかけず

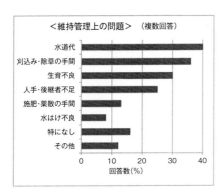

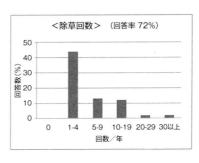

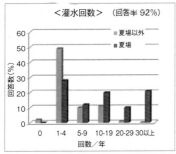

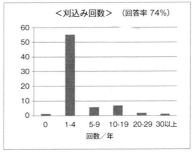

図6-1　補助事業による民間の芝生化駐車場設置者の維持管理の状況と問題意識（兵庫県）

に芝生を良好に維持管理するには、真に芝生の専門家の指導が必要ですが、残念ながら著者の知る限りそうはなっていないと感じました。

5．駐車場芝生化はなにから始めるか

　駐車場を芝生化することは、個別の舗装駐車場の環境への負荷を軽減するともに、何よりも舗装によるまち全体の環境リスクの低減に資することにあります。したがって、目的は舗装駐車場を‘グリーンインフラ’に変えることによる問題の改善であり、芝生化はあくまでその手段です。目的の達成には、次に述べる5つの‘やめる’ことから始めることが必要です。
　①新しく造る共用駐車場の舗装はやめよう
　②建屋以外を舗装でかため共用駐車場にするのはやめよう
　③緑地内に舗装駐車場をもうけるのはやめよう
　④空き地を取り敢えず舗装することはやめよう
　⑤既存の舗装駐車場をこのまま放置することはやめよう
　芝生化と‘やめる’こととを同時に進行させることによって初めて、まち全体の環境に明らかな改善がみられ、それによる経済効果も明確なものとなるでしょう。

第7章　駐車場芝生化は何故成功していないのか

　何故成功していないかは、明らかに失敗に導くやり方をしているかに他なりません。駐車場芝生化はとくに高度な技術や高いコストを必要とするものではないにもかかわらず、芝が健全に持続されている芝生化駐車場はほとんど見られません。その原因は何なのでしょうか。それは、やるべきことが成されていないというより、やってはいけないことばかりが堂々となされてきたことによるところが大きいのです。そこで、ここでは芝生化のこれからの成功に向けて、失敗の原因の分析をすることにします。

1．失敗の原因：技術以前の問題

　設置の動機があいまいである：駐車場芝生化には所有者（設置者）、利用者、設置事業者、周辺の住民等、多様な利害関係者が存在します。何事もそうですが、すべての関係者が目的を認識・共有しあって開始しなければうまくいきません。多くが「環境の改善に良さそうだから」という漠然とした理由で、地方公共団体が公的資金（税金）を直接公共施設あるいは小規模民間施設への補助金として投入し整備されてきました。これでは、「造っておしまい」になるのは当然の結果です。今後、民間において都市環境と従業員への環境改善への意識が本当に高まり、商業・工業施設の駐車場芝生化への取り組みが進めば、当然、費用対効果の観点から芝生の持続性が真剣に追及されるでしょう。劣悪な芝生化駐車場が多数形成された最大の理由は、関係者における設置の本当の動機が環境の改善ではなく。規制基準の緑被率の確保、環境に配慮しているという行政のポーズ、補助金目当ての事業活動などにあったことだと思われます。

　計画・設計に芝の専門家を関与させない：芝という生き物が主役であるのにも関わらず、芝生に関する専門的知識は維持管理でのみ必要で、計画・設計は工学的知識で十分という誤った考え方です。実際、これまで各駐車場芝生化に携わってきたのは土木関係者で、そこに植物の専門家が関与することはまれです。土木技術の発想に立てば、芝も他の部材と同様に配置してしまえば芝生化駐車場は出来上がりということになります。確かに、出来た直後の駐車枡はそ

57

のデザイン・設計を問わず、大抵美しい状況です、しかし、その時点で凝った美しく見栄えのする芝生化駐車場ほど芝の生育環境としては無理があり、終焉がみえているともいえるのです。車体重量やタイヤ圧を軽減するために設定されたコンクリートやレンガ等の部材は永続的に変化しませんが、生き物である芝は植えられた時がスタートでその後いかようにも変化します。つまり、しっかり生長してより美しい芝生になっていくか衰退するかは、完成後の維持管理にかかっていると考えられがちですが、それは実は計画・設計段階でほとんど決まってしまいます。それゆえ、芝の生理生態、種類の特性や土壌・環境等との関係について、科学的知識をもった専門家が最初の段階から関与することが不可欠なのです。

　計画・設計・施工・管理プロセスの不連続性：設置のプロセスにおける受注から実際の施工に至る過程の意思疎通のなさが、特に問題です。かりに発注者が明確な目的とビジョンをもっており最初の受注者がそれを理解していたとしても、その後現場の施工者まで何段階を経ていくうちにそれは間違いなく消えてしまいます。日本の土木工事ではこのようなシステムは日常的なようですが、慣行的なマニュアル通りで済む事業ではさほど問題ないとしても、駐車場芝生化のように技術的に確立されていない場合には、このようなシステム上の問題が致命的な失敗につながります。例えば芝や床土の種類の選択でも、計画・設計の段階で適切な判断がなされていても、末端の施工者が安価であるとか身近にすぐ手に入るとかいうことで施工されがちです。

　駐車場芝生化は駐車枡の芝生化であるとの勘違い：駐車場芝生化とは、当該敷地内の緑被率をできるだけ高め、そこに駐車機能をもつ部分を作るというのが、本来あるべき姿のはずです（例：図7‐1左）。しかし、本来の目的が舗装面の最小化と芝生面の最大化にあるということが理解されておらず、ほとんどの場合駐車枡の芝生化と矮小化されています。既成駐車場の大半、そして地方公共団体が主導する実証実験（兵庫県、東京都等）でさえ、駐車枡の無生物資材配置の間への芝やカバープラントの埋め草が、駐車場芝生化の基本と考えて実施されています。

　芝生化に適さない場所への整備：駐車場の芝生は、当然のことながら車の影響を受けます。それは入車・出車時のタイヤ圧、エンジン熱および駐車車両による遮光及び降雨の遮断です。タイヤによる擦り切れやエンジン熱による焼けは部分的なものなので修復できますが、駐車車体の影響は大きな部分を占める

ので修復不可能です。したがって、日中の常時駐車の多いところ（例：図7−1右）には整備すべきではありません。実際、既成駐車場についての実態調査結果でもそれは明らかになっています（図7−2）。

図7−1　芝生化を謳っている既成駐車場の2例

左：全面芝生化の中に、車輪受け部分のみブロックを設置。床土は砂の客土（配送センター）
右：駐車枠のみを芝生化、通路はアスファルト。日中は常時駐車。全面ブロック配置の間に芝が植栽されたがすぐに衰退。裸地と雑草が残る。

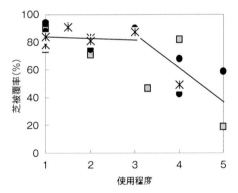

施工後経過年数

■ 2年以上　● 1-2年　✳ 1年以内

使用程度

	常時駐車	日照時間	車両出入り
5	多い	5時間以上	多い
4	多い	5時間以上	少ない
3	少ない	5時間以下	多い
2	少ない	5時間以下	少ない
1	利用少ない		

図7−2　駐車場の利用程度と芝被覆が維持されている程度との関係

2．失敗の原因：植物学に基づかない技術展開

　駐車場芝生化がなぜ失敗続きなのか。その原因は、設計・施工から維持管理まで、芝生の健全な生長と維持にとってやってはいけないことが幾重にもやられていたことにあります。しかし、根本はひとつで、すべての失敗は「芝という植物と土壌について知らなくても問題ない」という、思い上がりに端を発しているといえます。ここでは、そのことによる誤った発想が、いかに短期間での芝生の衰退、すなわち駐車場芝生化の失敗につながったかを通覧します。なお、既成の芝生化駐車場はほとんどが駐車枠の芝生化なので、ここで例示する情報はこれを基にしたものです。

　見かけの美しさを最優先：施工関係者は整備完成直後に最も見栄えのするものを造ろうとします。それは、その後の持続性には責任がないからです。また、芝という植物に関する科学的知見をもたない施主もこれを良しとしています。その結果、往々にして、複雑で細かい平面構造をもつデザイン的に美しいものが好まれます（デザインにかこつけて、種々の不要な部材の配置もみられますが、これは論外です）。ゴルフ場等、通常の芝生造成では当たり前のことですが、芝は植栽時にはいわば最低の状態で、その後の芝の生長力とそれを助ける管理で持続性のある美しい芝生になります。駐車場芝生化では、部材による寸断が埋め込まれた芝生片の水平・垂直への自由な広がりを邪魔し、その結果、芝は当然衰退に向かいます。また、芝の種類の選択においても、間違いを冒しています。庭園の修景やスポーツターフに用いられるものと異なり、駐車場用には耐乾性・耐踏性に優れ、低管理で維持できる、葉質がしっかりしてかつ上への伸長の旺盛でない性質の種や品種となるはずです。少なくともこの基準では、専門家なら同じ日本シバでもノシバよりコウライシバを選択したりはしません。さらに、シンプルなデザインは補修可能という点でも重要です。芝生の欠損は、いかに間違いのない設計・施工した場合でも、車体下のエンジン焼けやタイヤによる擦り切れで、早晩必ず生じるからです。既成駐車場に部分補修された形跡はまず見当たらないのは、それが出来ない平面構造ゆえではないでしょうか。

　根の機能なんてどうでもよい：実際、これまでの大半の駐車場芝生化でなされていることは、根の生理機能を誤解しているか全く無視しているといえます。植物にとって'根'の活動のいかんは生死を決めるもので、最大の影響要因は土壌水分条件です。芝生の健全な生育にとっては、根群域の通気性・排水

性は必要不可欠な条件であり、このためには、細根が侵入する床土層は適切な粒度の砂（または砂との混合土）以外にありません（ゴルフ場等の芝生造成に関わる専門家には周知のことです）。しかし、これまで駐車場芝生化でなされてきたことは、いわば根の虐待でした。タイヤ圧を気にして床土を固めることは、水はけ不良で土壌が嫌気状態になり、冬季に根を枯死・腐敗を生じさせます。芝生の衰退した駐車場が湛水したりコケに被覆されたりする光景は、とくにプラスチックマット型の駐車枡でよくみられます。また、芝生土壌には保水性が何より重要という素人的思い違いから、土壌改良剤等多様な混合物を含む複雑な構成の土壌や人工土壌が用いられることが多く、これも過湿状態で根群が枯死し芝生が衰退する原因となっています。さらに、芝ソッド土壌（主に黒ボク）との親和性に欠けいるこういった土壌は、根群が床土層へ侵入できず、様々な障害が起きます（Box-3）。

　整備後の管理はやらなくても良い、またはやりすぎぐらいが良い：公共施設の場合は、造ってお終いでほとんど管理はなされていないようですが、会社や集合住宅など民間の場合は、所有者による管理がされているところもかなりあります。しかし、大抵の場合、芝生管理の基本から外れています。それは、水や肥料は十二分に施しておけば安全という考えや、草花等園芸植物と似たような手入れでよいという誤った指導です。年間数回の刈り取り以外の管理をしていない公園芝生がほぼ持続性を保っていることからみても、ポイントさえ押さえればシンプルなはずの芝生管理を、わざわざ労力をかけて芝生を劣化させているのは残念なことです。

3. 持続可能な駐車場芝生化へのポイント：過去の失敗を参考に

　駐車場の芝生化は、第4〜6章で明らかにしたように、舗装を芝生に変えるという、まちの環境改善にとって非常に重要な試みの一つであるにもかかわらず、成功した芝生化駐車場をみることは少ないのが現状です。著者らは、行政による駐車場芝生化の最盛期に多数の既成芝生化駐車場を観察する機会を得ましたが、約半数が半年から1年で明らかな芝の衰退を呈し、また、数年後には大半が、単にブロックやプラスチック資材で凸凹した利用しにくいだけの駐車場になり果てているのを目にしました。その中の幾つかはずさんな施工や日中の長時間駐車に原因するものでしたが、多くの場合、むしろ余計なコストと労

Box-3　植物は正直：実証実験に見た床土と芝細根との関係

　兵庫県の駐車場芝生化実証実験（2005年～2007年）では、芝の種類、床土、枡の形状等の組み合わせにおいて約40の多種多様な駐車枡の出展があり、各要素と芝の生育との関係を解析する絶好の材料となりました。芝はノシバ、床土は砂主体、形状は車輪部歩行型が最良という得られた結論（概要「芝草研究」37巻別１号に掲載）は、本書の「実用編」を著すに当たって大変役立ちました。以下に、芝生の健全な維持に最も重要な細根の発育状況についての、施工２年後のノシバ区の掘り取り調査の一部を例示します。

　床土が砂あるいは少なくとも砂質である場合（No. 23, 31）では芝ソッド土壌が床土と混じり合い、細根の良好な発達がみられました。一方、保水性に拘り過ぎた大層な床土（No. 40, 41）では、ソッド土壌と馴染まず、細根がほとんど発達せずに芝生も衰退していました。

駐車枡：車輪部補強型

芝生レベル:5
床土:砂

駐車枡：全面ブロック型

31

芝生レベル:5
床土:砂質土壌

駐車枡：車輪部補強型

40

芝生レベル:2
床土:ルーフソイル

駐車枡：全面ブロック型

41

芝生レベル:2
床土:真砂土＋バーク堆肥＋
　　　パーライト＋鹿沼土

左：根掘り器で抜き取った土壌の状態.
右：洗浄後の状態.
芝生レベル：地上部の状態：最良～最低＝5～0

力をかけ芝生化駐車場に多くの‘もの’を注ぎ込んだことが、主役である芝生の健全な持続性を奪っているという事実でした。最大の原因は、芝生化が‘生物学’に則って取り組まれてこなかったことに尽きます。しかし、これらのことは持続性のある駐車芝生化への事業主の強い意志と芝生の専門家の関与によって、明らかに解決可能な問題であるとも云えます。芝生化の成否にかかわる人為的要素は計画・設計、施工、維持管理、補修・更新にわたって存在し、また、駐車場芝生化には立地、その所有者・施行者・管理者の意向、また予測される利用状況等による多様性が想定されます。しかし、科学的見地から‘これだけは外せない’と‘これだけは絶対にやってはいけない’いう成否を左右するポイントが存在するということを、この章での検証の結論にしたいと思います。以下に、主なところを列挙します。

① 日中長期間の常時駐車が多い駐車場および終日日陰になる駐車場は、芝生化の必要性や効果がなく、かつ芝の健全な生育が見込めないので芝生化の対象としない。

② 計画の段階で、設計—施工—維持管理—補修までの一貫したプロセスを想定する。

③ 計画の段階で、すべての関係者（ステークホルダー）の目的意識や役割について十分な確認・調整なしに開始しない。

④ 設計および維持管理法の策定においては、必ず芝という生物を知る専門家の科学的な助言や指導を求める。

⑤ 設計が芝生化の持続性に影響する最大の要因だということを理解し、以下の‘やってはいけないこと’を守る。

- デザイン的見栄えを重要視して、様々な部材を使った複雑な表面構造や駐車場芝生化に適さない種類の芝を持ち込まない。
- 床土として複雑な人工土壌を設定したり、不要な土壌改良物質と称するものを加えない（土壌が嫌気的になって芝の根を阻害する）。
- 車体圧を気にしすぎて、床土・路盤を固めすぎる設計にしない（根群の発達を致命的に阻害する）。車体圧を吸収し最も耐久力をもつのは、固めた土ではなく適切な粒度の砂である。

第8章　駐車場芝生化に関わる社会的要素

　ここまで、まちの大半を覆っている平面舗装が、その貯熱性と不透水性によってまちの生活環境悪化の主要因となっていることを、その実態と科学的根拠から明らかにしてきました。また、コンクリート・アスファルト舗装の対極にある芝生による被覆が、まちの環境問題軽減への最も有効な手段であり、芝に対する植物学的知見を反映させれば十分に実現可能な技術であること（これまで成功例が少ないのは、そこに科学がなかったからとういうこと）も述べてきました。この章では、実際にまちでの芝生化を目指すにあたって、環境の被害者でも加害者でもある私たち生活者が、関連する社会的要素として知っておきたいこと、知っておくべきことをまとめて考察します。

1. まちの環境と法律

　私たちの憲法には諸外国と異なり環境条項がありません。このため、環境基本法などを必要に応じて立法していくというやり方を採っています。したがって、今日の都市環境問題のように、国際的にも国内的にも次々と変化していく課題には対応し切れていません。このような状況下において、生活圏の土地利用に大きな位置を占めている駐車場を含む平面舗装とそれに起因する環境被害が、現在の日本の法律に照らしてどう判断ができるのかを考えたいと思います。先ずは日本国憲法から。

　日本国憲法第25条には、「すべての国民は、健康で文化的な最低限度の生活を営む権利を有する。第2項、国は、すべての生活部面について、社会福祉、社会保障、及び公衆衛生の向上及び増進に努めなければならない。」とあります。「社会福祉、社会保障、公衆衛生」は、英語を当てはめると「Social welfare, Social security, Public health」ですが、日本語では、構成する各単語の直訳から意味が矮小化されたものと思われます。英語の方は、いわば‘環境用語’として、広く人間の生活権の保護を意味しており、内容は「国民の幸福と繁栄、国民の安全、国民の活動と健康」といったところです。したがって、欧米の各国ではこれを脅かしたり損なったりするものはすべて排除することが国の責務

となっています。それでは、生活部面においての舗装駐車場によって被る様々な環境や健康被害の放置は、日本では国の不作為となるのでしょうか、上記の条文からは、直ちに私たち国民の幸福・安全・健康を脅かす問題として取り上げるには無理があるように思われます。

　それでは、私たちの生活部面において舗装駐車場が引き起こした生態系サービスの棄損による直接・間接的被害の補償は、憲法によってなされないなら誰がするのでしょうか。ここに、「国家賠償法」という法律があります。その第2条1項には、「営造物は、道路、公園、河川、樹木等の公の営造物の設置又は管理に瑕疵があったために他人に損害を与えた場合は,設置者である国又は地方公共団体はその賠償をしなければならない」とあります。

　附置義務のある舗装駐車場は営造物ですが、この設置が国土や自然資源を損ね、国民の生活や経済を脅かす社会的・経済的損害与えていると認識されるでしょうか。現在、営造物の設置に際しては瑕疵を避けるために、環境影響評価を行いますが、これには舗装駐車場の環境問題は対象にされていません。したがって、過剰な舗装による地域災害の発生があったとしても、現在のところ対策が取られることがないでしょう。

　それでは、舗装駐車場の設置が引き起こす個別被害の発生はだれの責任になるのか、次に、民法第717条　民事訴訟法から解釈してみます。民事訴訟法には、「1．土地の工作物の設置又は保存に瑕疵があることによって、他人に損害が生じたときは、その工作物の占有者は、被害者に対してその損害を賠償する責任を負う。ただし、占有者が損害の発生を防止するのに必要な注意をした時は、所有者がその損害を賠償しなければならない。」とあります。

　土地を覆っているものを工作物と云いますが、舗装駐車場の設置が原因して損害を被った被害者は、その占有者または所有者を加害者として損害賠償を請求できるでしょうか。損害の大小や賠償金額の多少にもよるでしょうが、発生した被害と舗装駐車場との因果関係を科学的に説明できれば損害賠償請求の対象とするべきでしょう（筆者の意見として）。このほかにも、舗装駐車場の放置に原因する他人への損壊や傷害など器物損壊罪（刑法261条）や過失傷害罪（刑法209条）の対象になるのかもしれません。

　なお、表土・植生の保全に厳しい米国では、Sod Buster ActやSwamp Buster Actなどの法律によって、芝地・草地や湿地の毀損に対して賠償金が科せられます。また、EU加盟国も表土の汚染や破壊に関しては厳しい罰則がも

うけられています。しかし、日本には、表土を保全する法律はおろか表土の破壊を止める罰則もありません。

２．駐車場芝生化と知的生産者業務

　日本学術会議（知的生産者の公共調達検討部会）は、公共調達における知的生産者の選定に関し、法整備（会計法・地方自治法の改正）を提言しています。現在、土木・造園・都市計画・建築ともに、設計料の多寡で担当者を決める価格競争入札が多く、提案方式による入札は１％未満とされています（都道府県レベル）。米国などでは、発注者が公告の上、技術的に最も優れた設計者を選定し契約するというQBS（Qualification-Based Selection）方式が法定化されています。また、緑地管理分野においては、表土専門監督官（Ground Superintendent）と呼ばれる「知的生産者」が活躍しています。彼ら彼女らは、あらゆる地域緑地の植生管理に関わる企画、計画、コンサルテーション、設計など知的生産業務につき、緑地植生の環境的意義を科学的に理解し、それを磨き活かすという発想を持ち、仕事にしています。私たちもこのまま法整備を待つだけでなく、持てる科学技術を活用し、舗装駐車場による環境被害の拡大を止めるためにできるところから始めることが必要です。前述の学術会議も、「創造的で美しい環境形成は、国民の生活のための環境に付加価値を与え、生活をより豊かなものにし、国民の文化意識を高揚させる。また、地域経済を活性化するなどの経済効果が期待でき、観光立国、文化産業立国、文化芸術立国の基礎をつくるものである」としています。駐車場芝生化の設計業務は、まさにまちの持続可能な開発目標の実現に向けての知的生産者の仕事なのです。

３．駐車場芝生化と公共調達

　国が地方自治法を改正し導入を図った指定管理者制度によって、指定管理者による公の施設の管理が実質的に始まって十数年が経ちます。この制度導入の当初の目的は管理経費の節減とサービスの向上でした。管理コストとサービスの品質は通常トレードオフの関係にあります。芝地をはじめ緑地の管理は、現状では定型的で仕様の確立した作業とみなされ請負の出来高評価が普通で、管理に特化した実績評価がされることはありません。このことが適切に管理され

ない原因の一つと思われますが、最大の問題は指定管理者制度の運用にあると考えられます。多くの場合、公共緑地の管理においては、自治体に代わる公共事業の分配者として財団などが設立され、元請受託または下請受託、作業直営または作業外注で行われます。また、緑地管理業務の施工能力で選別されることは少なく、検査基準もあいまいなのが一般的です。したがって、受注を待つだけの者が多く、技術を磨いてきた者が少ないのが現実です。このようななかで、適切な芝地の形成と管理を進めていくには、芝地の目的とその管理技術を査定できる者と管理技術を保有している者の育成が最も大切なことになります。そして、駐車場芝生化の成果は、ゴルフ場、サッカー場、野球場をはじめ都市公園、公共施設、民間施設の芝地と同じように、利用者である市民によって検証されることになるでしょう。

4．駐車場を公共緑地に変えよう

　日本政府は2017年、国連環境計画（UNEP）において「持続可能な開発目標（SDGs）」を締約し一千数百億円の拠出を約束しました。その目標のひとつに表土の劣化の阻止と劣化した表土の回復、そして生態系サービス（生物多様性）の劣化と損失に終止符を打つことがあります。私たちのまちを高温化するコンクリート砂漠化や都市洪水、そして、堆積物や汚染物質に悩まされる流水域から守るのは、私たち自身の科学リテラシーを高めていく以外にないと云えるでしょう。そのためには、一にも二にもまちの緑被面積率と透水性面積率を向上させることしかありません。駐車場芝生化の受益者は、地域住民・市民だけでなく、それを設置する事業者や利用する従業員、そして行政に関わるすべての人たちなのです。しかし、持続可能な芝地の育成には、様々な利害関係者が存在するなかでの利活用の調整を図らなければなりません。そのためにも、舗装駐車場を加害者として批判することではなく、駐車場に緑地機能を積極的附置し運用される人たちを応援し、法整備を図っていくことが大切です。

5．駐車場芝生化を「On Site」から「In Area」へ広げよう

　低炭素社会を実現するための法律が用意され、世界の環境問題への取り組みの方向をみると、グローバルからローカルへ、そして今日、さらにローカルに

おいて「On Site」から「In Area」への環境行動の転換が促されています。つまり、舗装駐車場問題もSite（例えばある特定場所の個々の商業・工業施設の駐車場）での対応から、Area（様々な駐車場を含む一定の広がり）での地域としての対応が望ましいということでしょう。道路交通政策の観点からだけでなく、野放図な不透水面積の拡大を地域環境政策の視点から見直し、一つ一つ改善していくことから始めることが現在社会に求められているのではないでしょうか。

6．グラスパーキングで未来の移動革命に備えよう

　社会的要素として最後になりましたが、今後、世界は車両の電動化や自動・無人運転などの技術の進展でヒトやモノの「移動」が革命的に変貌するとされています。都市部では、既存交通機関をはじめ、無人タクシーや自動運転シェアーカーなど乗り合い型の自動交通が基盤となり、現在の道路や駐車場を中心とした街路構造と車社会は当然変わることになります。そして街路空間は、ヒトとクルマと環境とに配慮した街路設計によって変革され、新しい交通マネージメントと車社会が実現すると思われます。事実、英国などでは、先々の内燃機関の車の製造中止や街路空間の再構築などの取り組みが始まっています。このような変化が私たちのまちにいつ起こるのかは定かでありませんが、少なくとも芝生化された駐車場は、まちの健康を維持する緑の空間として、その存在価値が失われることはないでしょう。

応用編

第9章　駐車場芝生化の計画に必要なプロセス

　プログラミングやデジタル化などの用語が飛び交う今日ですが、専門家が駐車場芝生化を具体的に立案し設計を進める前に、経るべき必要なプロセスがあります。それは、駐車場芝生化に関わる問題を明確にし、地域住民・市民も一緒に相互に伝わる方法で筋道をたてて話し合うことです。これは、駐車場芝生化が‘芝生というモノ’を造れば解決ではなく、‘芝生が行うコト’が目的だからで、その拡大と存続には地域住民・市民の参画が必要です。本章では、行政者であれ企業経営者であれ、‘つくる’というアクション前に留意すべき諸事項について解説します。これまで、ともすれば事業とその計画を‘モノ’や‘モノづくり’中心に考え、そのため目的と手段とが混同されてきました。しかし、これからの事業は‘モノ’が果たす機能や‘モノ’によって解決できる‘コト’を焦点に計画することが求められています。

1．芝生化の目的を関係者で共有する

1）芝生が主役であることの共有
　計画と設計にあたっては駐車場芝生化の主役は芝生であること、芝生の存在によって得られる‘コト’が目的という当たり前のことを共有することにあります。つまり、芝生化の環境的・経済的意義が、依頼者（所有者・占有者）、施工者、管理者、検証者、利用者、近隣住民、それぞれの中で理解され共有されるということです。駐車場芝生化の利害関係者は様々ですが、計画と設計の基本は極めてシンプルで（簡単だという意味ではありません）、芝生という植物のもつ環境改善機能ができる限り持続するものを作ることです。それには計画の段階において、適切な芝生を選び、持続可能な植栽基盤を造り、維持管理や修復作業まで、技術的・業務単位的な諸段階を一貫性をもって進める技術基盤の存在を共有することも大切です。

　日本の造園緑化・緑地整備技術は、高度成長に伴う公共事業の追い風を受けて発展してきました。しかし、1989年に始まったバブル崩壊以降、緑化に関係する建設工事の受注額は減少の一途をたどり今日に至っています。その理由

は、緑化部分が常に附帯工事であり、緑化の目的や緑化技術の有無とその質の高低が問われてこなかったからです。そのため、設計図書に造成後の「緑地機能の保全および維持管理技術」が織り込まれることはありませんでした。このような慣習から抜け出すためには、駐車場芝生化の目的とそれを達成するための以下の5つの要求機能を明確にし、芝生化計画・設計段階において関係者間で共有しておくことが必要です。

　要求機能1．豪雨の吸収・貯留：駐車場からの表面流水の発生を防止する。

　要求機能2．掃流水の吸収：駐車場からの掃流汚染物質の流出を防止する。

　要求機能3．蒸発散作用の維持：駐車場の地温の安定と昼夜の温熱環境を改善する。

　要求機能4．二酸化炭素の吸収・固定：駐車場に炭素の蓄積と酸素の発生など大気の浄化作用を附加する。

　要求機能5．表土・植生の形成と保全：駐車場に土壌生物の維持、有機物の分解、栄養塩類の循環、土壌水の浄化など表土・植生機能を附加する。

　以上、芝生化の目的は舗装駐車場による環境的・経済的被害の発生の軽減にあることを共通認識として持つことが大切です。

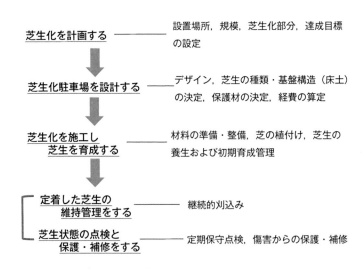

図9-1　芝生化駐車場の計画から持続的維持の全プロセスと必要な作業

2）関係者間での意思疎通の方法

　芝生化計画について相互に通じ合うには、どのような言葉で話し合えばよい のでしょうか。著名な経営思想家のP. F. ドラッカーによる「計画が成功しない ７箇条」というものがあります。①に挙げられているのは、「あいまいなス ローガン」で始める、何の成果を上げるのかがはっきりしてないというもので す。美しいまちづくりやヒートアイランド対策などというのがこれに当たるの かもしれません。②は「優先順位がない」で始める、何故それからやらなけれ ばならないかが不明というものです。環境問題の要因や重要度が理解されてい ないことによります。③は「ヒトだけつける」で始める、取り敢えず担当者と 学識経験者を決める、結果管理によくあるケースです。④は「科学的実験抜き で始める」で、科学的基盤に基づかない素人考えで活動し過去の失敗を繰り返 すというものです。これも良くあるケースです。⑤は「経験とデータから学ば ない」で、歴史と蓄積されたノウハウを継承せず、なにも勉強しないで始めて しまうケースです。⑥は「目標や期待値を検証しない」で、要はやりっぱなし ということです。最後の⑦は「やめること」や「捨てるもの」をそのまま放置 する、というものです。以上の７箇条のうち当てはまるものが幾つかでもあれ ば、計画は途中でポシャるか、まっとうな成果が得られないとしています。

　駐車場芝生化計画においては、'成功しない７箇条'に陥らないこと、なら びに前項の芝生化の５つの要求機能についてわかり易いメッセージとして発信 することが極めて重要です。例えば、前項の要求機能１については、都市型水 害（内水氾濫および外水氾濫）の減災に有効なこと、要求機能２については、 掃流土砂・掃流化学物質・掃流有機質ゴミ・掃流汚物と大腸菌などによる環境 汚染の拡大を防止に有効なこと、要求機能３については、都市熱による健康被 害の発生を抑えることに有効なこと、要求機能４については、大気汚染ガスの 排出を抑制することに有効なこと、要求機能５については、まちの貴重な資源 として表土・水・植生、それが生みだす緑環境の形成、などといい換えること ができます。これらは、市町村などの行政区分、土地利用形態区分、営造物や 工作物の所有者・占有者区分など、どの区分単位においても共有できるメッセー ジとなり得るのです。

2．芝生化の環境効果を ‘見える化’ してみる

　芝生化計画をする前に、まず、まちの環境悪化の要因を私たちで ‘見える化’
していくことが重要です。これは、私たちが平常心バイアス（正しく恐れる）
をもってリスクを共有し、まちの環境が芝生化によって何がどのように改善さ
れていくのかコミュニケーションを行っていくために必要な行動です。

①舗装駐車場に発生する豪雨の表面流水化量を計算してみる。

　これは、1時間当たりの降水量10〜50㎜または24時間当たりの降水量100〜
300㎜などを基準に当該駐車場または区内駐車場から発生する表面流出水の総
量をトン数またはキロリットルで表します。内水氾濫による被害の怖さを共有
するのに役立ちます。

②夏期の舗装駐車場の夜間の地温と最低気温を測ってみる。

　私たちは昼間の舗装面の温度や気温、赤外線カメラで真っ赤になった舗装面
の写真などを目にしますが、日没後の地温や最低気温に目をふれることがあま
りありません。夏期の舗装の蓄熱性と熱伝導性を理解するために、日没数時間
後の地温と気温、日の出前の地温と気温（最低気温）の平均値を出しておきま
しょう。

③舗装駐車場の二酸化炭素濃度を測ってみる。

　駐車場の二酸化炭素濃度は、駐車台数や時間帯によって変化するので、時期
や時間帯を変えて定点測定し平均値を出しておきます。そして、芝生上でも測
定し比較してみましょう。

④不透水面積率と炭素貯留面積（表土・植生のある面積）率を計算してみる。

　まちの環境調節機能の健全性は、まちの総面積に占める不透水面積率と緑地
面積率からある程度表すことが出来ます。ここでは、まちを構成している個々
の土地占有物、例えば、工場や商業施設、都市公園や公共施設、病院や学校、
商業建屋や集合住宅などを単位として、それぞれの総面積に占める総不透水面
積率、駐車場への動線も含めた舗装駐車場面積率、緑地面積率を計算します。
舗装駐車場の芝生化計画によって、まち全体の環境が改善に向かうには、先ず
はそれぞれの土地占有物面積に占める平面舗装面積率に目を向けることが必要
です。

　ここで重要な点は、これらのいずれもが計測可能な事項であるということで
す。しかも、それには必ずしも専門家の関与を必要としません。今日の社会で

は、公開されている地理空間情報（可視化されたデータ）の利用は誰にでも可能であり、様々な生活場面で使われるようになっています。地理空間情報科学からは街区レベル、個別建築物単位で健康分析（CO_2マッピング、熱波モニタリング、表面流水量測定など）ができます。今や、これらのデータを用いて市民・住民のレベルでも、具体的にまちの環境劣化の要因を調べ、芝生化によって改善出来ることが共有されるようになっていくでしょう。

3．芝生化をどの単位で計画するか

　'不透水面積の縮小' を目的とする芝生化計画の規模は3つの単位に分かれます。第一は行政区分を単位とする、第二は土地利用区分を単位とする、そして第三は個別駐車場を単位とするものです。行政区分の芝生化計画は、まち全体の面積（透水面積：農地・林地・緑地・湖沼・河川・空き地など；不透水面積：道路・住宅・商工業地・駐車場などの舗装地）から、これに占める舗装駐車場面積の割合を算出し基本にします。この場合の芝生化計画の目標は地域全体の透水面積率の向上にありますが、優先目的が熱被害の軽減の場合は市街地の規模の大きい舗装駐車場が対象になり、降雨の表面流水化の軽減の場合は、上流域や高標高に位置する規模の大きい供用および施設内の舗装駐車場が対象になります。この行政区分における透水面積率の数値的向上は、「In Area」の生態系サービスの改善と人工系ディスサービスの軽減につながり、災害脆弱性を克服するための有効手段の一つとなるでしょう。

　第二の単位では、土地利用区分別に芝生化計画の規準をつくることになります。これは既存緑地類型別に透水面積の改善や拡大を進めることにあります。例えば、工場緑地・都市公園・緑地公園・自然公園などに附置されている舗装駐車場の芝生化で、既存緑地の機能の向上が目的です。これは放置・取り敢えず舗装駐車場の芝生化率、100％舗装の公共・産業施設や管理地（移動・臨時・仮設駐車場利用）などの芝生化率目標を策定するなどです。これは、「On Site」における緑地の最良管理慣行（Best Management Practices）の実行であり、持続可能な開発目標（SDGs）や公共価値の創造（CSV）の内装化につながるものです。

　第三の個別駐車場を単位とした計画では、駐車場の所有者・占有者、事業形態、利用頻度、日射環境や周辺環境よって異なります。この駐車場芝生化は、

企業の社会的責任（CSR）や環境と社会を基本とした企業活動（ESG）の実践と云えます。

　最後に重要なことは、芝生化の中・長期目標の設定です。芝生化の短期目標と最終目標は必ずしも同じでないことです。10年、20年先、社会経済環境に応じて芝生化の目的あるいは要求機能の優先順位が変わることを想定しておくことです。

4．芝生化する駐車場の個別性

　駐車場芝生化計画は、新設する駐車場か、それとも既存の舗装駐車場を改良（舗装上または舗装剥離後）するのかによって、芝生植栽基盤設計に影響します。また、駐車専用の駐車場（駐車枡・駐車部分などが恒久構造）か敷地内の駐車スペース（路上白線など恒久的な構造でない）かによって、芝生化対象部の設計が異なります。もう一つ重要なことは、駐車場境界外への影響を診断することにあります。境界外とは駐車場に隣接する営造地や工作地、建物や緑地との動線、そして近接する住宅地や商工業施設地などを云いますが、これらの環境を計画に活かすことが大切です。このことによって当該駐車場の芝生化の計画が「On Site」の環境の改善に直接結びつくことが共有されやすくなります。駐車場芝生化の計画に全国規準というものはありませんが、個別駐車場の芝生化計画は、芝生化による環境効果が最大限発揮できる形にしていくことが必要です。そのためには、駐車場芝生化の概略計画（配置計画）に際して、入退場の動線や建物の配置に留意しながら、可能な限りの芝生面積を確保するとともに、補修用芝育成部分や芝刈りカスのマルチ部分そして修景植栽（植栽樹木など）部分を含めた総面積を最大にし、その結果舗装とその他営造物部分の面積が最小になるように工夫して配置します。

5．芝生化には時間をかけよう

　芝生化計画は、駐車場の利用頻度や面積の大小にもよりますが、一挙に芝生化する計画よりも、時間をかけてじっくり芝生化を進める計画が費用面と技術面から見ても無理がありません。駐車場の芝生化は、定型の完成した芝生が求められるゴルフ場やスポーツ芝生と違って、駐車場の形態や予算に応じて柔軟

に進めることができるのです。目標は、駐車場面積に占める芝地率の最大化と舗装面積率の最小化にありますが、一気に芝生化率100％という計画には現実性がありません（できないという意味ではありません。そのようなケースもあります）。芝生化の計画は、駐車場の外周（隣接境界部分）や利用頻度の低い駐車スペースから芝生化を進める、駐車場面積の一定割合を先ず芝生化する、分離帯や歩行困難者用駐車枡などを芝生化するなど、駐車場の実情に応じて柔軟に考えることができます。

　以上、芝生化計画にあったっては、当初の芝生化率に拘らず、長期にわたって芝生化部分を広げていくという視点が必要です。くどくなりますが、永年性植物の芝生は、駐車場に植えた時が完成ではなく、芝生を育てることによって完成していくのです。そして、一度できた芝地は、管理次第でほぼ永久にその機能が発揮される極めて優れた環境資源なのです。したがって、計画と設計には、長期にわたっての芝生育成作業と維持管理作業を可能にする構造（芝生の種類・植栽基盤の土性・その他附置物）にすることが原則になります。芝生の育成作業が容易にできないような、見た目だけの芝生化計画・設計は、最初から間違っているのです。

第10章　芝草の種類と植え付け工法

　芝草は駐車場芝生化の主役であり、その種類を決めることは、駐車場芝生化（グラスパーキング）計画と設計に際して決定的に重要なことです。駐車場は特殊な環境なので芝草の選択を誤れば何もかもが台無しになります。芝草であればなんでも良いわけではなく、芝生が恒久的な装置として駐車場という環境に適応し、長期にわたってその環境効能を発揮していく適切な種類を選ぶことが必要です。著者らが経験した多くの実証試験からも、計画・設計における芝草の種類の選択が、駐車場芝生化の成否のカギであることがわかっています。芝草は飾りではありません。'芝'の種類を選ぶ基準の第一は、価格でも美しさでもなく、駐車場環境に適した形態的特性、生理的特性、維持管理への反応性です。

1．駐車場環境に適応可能な種類と特性

　駐車場芝生化に求められる芝草は次のような性質をもつものです。
- 夏期の高温に耐えられる（耐暑性が高い）
- 夏期の乾燥に耐えられる（耐乾性が高い）
- 擦り切れ・踏圧に強い（耐摩耗性が高い）
- 損傷（裸地化）部分の修復力が高い（回復性が高い）
- 地表被覆のスピードが速いほふく茎・地下茎型の生育習性をもつ

　これらの性質を具備するのは、通称暖地型芝草（C_4型多年生イネ科植物で冬期は休眠するタイプ）と呼ばれるもので、以下の草種があります。なお、取り消し線が施されているのは駐車場芝生化に適さない種類です。

　ヒゲシバ亜科
- ゾイシアグラス（日本シバ）：シバ（*Zoysia*）属
  - ―ノシバ
  - ―~~コウライシバ~~
- バミューダグラス類：ギョウギシバ（*Cynodon*）属
  - ―ティフトン

- バッファローグラス：ヤギュウシバ（*Buchloe*）属

キビ亜科

- セントオーガスチングラス：イヌシバ（*Stenotaphrum*）属
- センチピードグラス：ムカデシバ（*Eremochloa*）属
- パスパラム類：スズメノヒエ（*Paspalum*）属
    - —バヒアグラス（アメリカスズメノヒエ）
    - —シーショアパスパラム（サワスズメノヒエ）
    - —ダリスグラス（シマスズメノヒエ）
- カーペットグラス：ツルメヒシバ（*Axonopus*）属
- キクユグラス：チカラシバ（*Pennisetum*）属

　現在、駐車場環境に適応できる芝草の種類は、ヒゲシバ亜科の2種とキビ亜科の3種であり（図10-1）、これ以外の選択肢は見当たりません。したがって、これらの種のなかから、刈込みの回数やメンテナンスの集約度、そして美観などに配慮して品種を選択することになります。

　駐車場芝生化の材料として望ましくない芝草は、駐車場という条件に合わない特性を持つ種類です。採用する芝草は播種が容易で単価が安いなどで選ばれがちですが、これはその後の維持管理のコストや労力から見ても決して得策ではありません。暖地型芝草であっても、叢生型、耐乾性がない、摩耗や踏圧に弱いなどの性質のものは適しません。寒地型芝草（C_3型イネ科植物で夏期休眠するタイプ）は葉色が美しく耐寒性も高い一方、基本的に摩耗と踏圧に弱く、耐暑性と耐乾性がないので冷涼な地域では年中緑のままですが、温暖地では夏は芝枯れ色になります。寒地型芝草にはゴルフ場などでおなじみのベントグラス類、ケンタッキーブルーグラス類、フェスク類、ライグラス類がありますが、気候的制限要因があるとともに集約的管理が求められるので、寒冷地や高原などを除いて駐車場への適用には向きません。

　なお、駐車場芝生化には芝草以外に、タマリュウ、リュウノヒゲ類、セダム類、イワダレソウ類、クローバー、ダイカンドラなどの地被植物（カバープランツ）・緑化植物が用いられる例が見られます。これは造園設計的発想で、駐車場に用いる芝草を装飾品としか見ていない勘違いによると思われます。

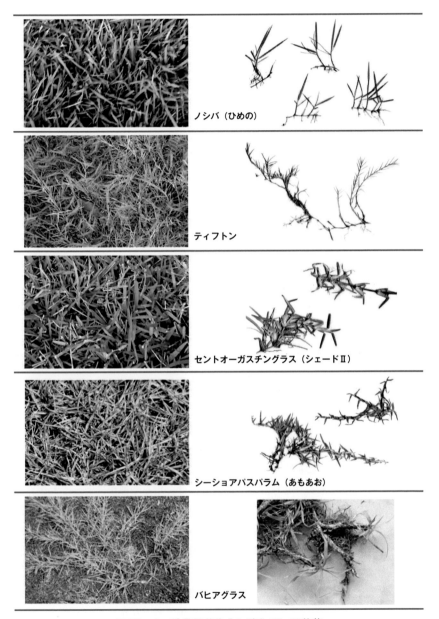

ノシバ（ひめの）

ティフトン

セントオーガスチングラス（シェードⅡ）

シーショアパスパラム（あもあお）

バヒアグラス

図10−1　駐車場芝生化に適している芝草

2．駐車場芝生化に推奨できる芝草の品種

　先に推奨した5種類の芝草のそれぞれには利用目的に応じた品種（商品）が開発・販売されています。信用ある品種とは、各々の種の特性の範囲で様々な利点を追及して育種されたもので、遺伝的に安定した商品の供給が長年にわたって継続的に評価されているものです。なお、市場にはしばしば新規な品種が現れますが、歴史的評価を経てきていないものが多いので安易に飛びつかないのが賢明です。

1）ゾイシアグラス（日本シバ）から選ぶ

　日本シバ（シバ）の代表的な種類はノシバとコウライシバ（植物和名ではコウシュンシバに該当する）です。どちらも古くから使われ日本人に馴染み深いものですが、造園上の種類名と植物和名とが混ざって混乱しています。造園用語の括りで整理すると以下のように分類されます。

- 大芝（葉幅が4mm以上のシバ）：シバ、ノシバ類、野生シバ、地表面保護芝と呼ばれる日本に自生している芝草で、近代まで治水工材、土塁工材、地盤安定材など土木工材として広く用いられてきたものです。
- 中芝（葉幅が3.3〜4mm：中芝Ⅰ、2.5〜3.3mm：中芝Ⅱ）：コウライシバ、公園芝などと呼ばれ、緑地の修景に広く用いられています。
- 小芝（葉幅が1.7〜2.5mm：小芝Ⅰ、1.0〜1.7mm：小芝Ⅱ）：ヒメコウライ、庭園芝などと呼ばれ、緻密で庭園の芝生として用いられています。
- 細芝（葉幅が1mm以下のシバ）：ビロードシバ、盆養芝などと呼ばれ、盆栽の埋め草などに利用されます。

以上のように日本シバと呼ばれているものは、用途や種類によって大きく異なります。この中で駐車場芝生化に適した日本シバは、大芝の種類で葉幅が4mm以上のシバあるいはノシバと呼ばれているものでコウライシバやヒメコウライなど中芝や小芝の種類は駐車場環境に適応できません。したがって、ノシバの品種の中から選ぶことになります。

　ノシバは北海道南部から九州南部の薩摩諸島までの海岸近くから高山にわたり自然分布しており、地域ごとに特徴ある野生系統が存在しています。これらのなかから選抜育種や交配によって多数の品種が生まれています。日本国内で一般に流通しているノシバは主に普通種ですが、色が薄くきめが粗いので近く

で見た場合に美観にかける面があります。この欠点が改良され緻密で美しいノシバ品種が流通しています。現在、代表的な改良品種が、「ひめの」、「みやこ」、「エルトロ」、「フジコンパクト」の商品名で販売されています。このなかで、肥料要求度が極めて低く刈込頻度が少なくて済む品種に「ひめの」を挙げることができます。この品種は丈が低く、緻密で美しく擦り切れや踏み付けに強い芝生になることから、青森県から沖縄県まで広い地域で使われています。また、緑色の濃さや穂が出ない性質については、米国のNTEPという芝草評価機関で、日本シバ品種の中では最高のスコアを得ています。

　以上の品種は代理店やメーカーなどから直接入手することができますが、価格はおおむね時価ということになっています。一般にノシバは、切り芝（ソッド）と種子が流通していますが、安定した品質と被覆形成のスピードから通常切り芝が使用されます。重要なのは、長年にわたって使用されてきた実績と信用できる生産者の切り芝（ソッド）を採用することです。主だった生産・販売者と品種は、ゾイシアンジャパン㈱（ひめの）、鳥取県芝生産組合（みやこ・ノシバ普通種）、㈱チュウブ（エルトロ・みやこ・ノシバ普通種）、保土ヶ谷芝生㈱（ノシバ普通種）などが挙げられます。このほかノシバ種子は、カネコ種苗㈱、㈱サカタのタネ、タキイ種苗などで販売されています。

2）バミューダグラス類から選ぶ

　バミューダグラス（ギョウギシバ属）はヨーロッパ、アジア、アフリカに10種が分布しており、バミューダ地域でよくみられることからこの名前が付いたのですが、16世紀頃にスペイン人によってアメリカ大陸に持ち込まれ、乾燥に強く、擦り切れにも強く、回復力が旺盛な性質から、ゴルフ場、サッカー場、野球場などスポーツターフとして広く発展して来ました。日本でも野生のギョウギシバは寒地を除く全国に分布しています。

　本属のうちティフトンと呼ばれるギョウギシバとアフリカギョウギシバとの交配系統は、粗剛なギョウギシバを小型で繊細な芝生用に改良したもので、用途に応じて多くの品種が開発され、日本においても重要な暖地型芝草として日本シバとともに広く普及しています。なお、ティフトンという名称は、米国ジョージア州ティフトン市にある州立芝生研究所で開発されたことによります（米国は国策として芝生の品種開発に取り組んだ国です）。ティフトンの最も重要な品種であるティフウエイ（ティフトン419）は、擦り切れに強く、生育が

早くて回復力が大きいので、関東以南のサッカー場や野球場の外野で多く用いられています。甲子園球場の外野の芝生もティフウエイです。最近は学校のグランドをティフウエイのポット苗を用いて芝生にすることが良く行われています。また、本種は冬期休眠しますが、冬期の寒地型芝草の播種（オーバーシード）のベースとして最適なので、年中緑の芝生が欲しい場合に利用されます。欠点は頻繁な踏みつけと刈込みなど集約的な管理が必要なことです。したがって、駐車場芝生化に採用する場合は、頻繁に刈り込みを行えることが前提になります。なお、ティフトンにはグリーン用の品種が突然変異で小型化した矮性品種が、ティフドワーフという名称の刈込みが少なくて済む品種として市販されています。いずれにせよ、汎用的な品種ですので、カネコ種苗㈱、紅大貿易㈱、㈱サカタのタネ、タキイ種苗㈱、雪印種苗㈱などから、様々な商品名で販売されています。なお、ティフトン419のソッドは㈱那須ナーセリー、二重ネット商品はゾイシアンジャパン㈱が取り扱っています。気をつけてほしいことは、日本には芝生品種改良の歴史や保護の慣習がほとんどなく、芝草の生産や品種保全に関して放任状態ですので、信用できる芝草生産販売者から購入されることです。

3）セントオーガスチングラスから選ぶ

　この芝草の特徴は何といっても暑さに強いことと擦り切れにも強いことです。一般的に暖地型の芝草はサンプラントと呼ばれ生育に充分な日照を必要とします。しかし、この種類は暖地型芝生の中では例外的に日陰に強いのです。樹陰で日照が弱い、あるいは建物があって日照時間が短い場所でも芝生を維持する力を持っています。植栽の下などの強い日陰部分の下にも広がり青々としたセントオーガスチングラスの芝生を見ることができる特異な種類です。また、適度の踏圧があればほとんど刈り込まなくてもよいことと雑草の発生を抑制するという利点がありますが、欠点はやや水分要求度が高いことです。本品種は年数回の刈り取りで美しい景観を形成するだけでなく、植栽樹木の下を埋め尽くすことから、駐車場の緑地景観を大きく改善することが出来ます。今のところ、日本では日本シバ類やティフトン芝類に比べて知名度は高くありませんが、その耐陰性は暖地型芝生類の中で突出して高く、駐車場芝生化の芝草になくてはならない品種と考えられます。本種は「シェードⅡ」および芝生のキメと密度が改良された「シェードⅢ」の名称で、ゾイシアンジャパン㈱で生産・販売

されています。また、普通種の切り苗は紅大貿易㈱から入手可能なようです。

4）パスパラム類から選ぶ

　駐車場芝生化に適用できるのは、バヒアグラス（アメリカスズメノヒエ）とシーショアパスパラム（サワスズメノヒエ）です。

　バヒアグラス：頑丈な芝で、短く太いやや木質のほふく茎を出す覆地性の高い品種です。耐暑性と耐乾燥性がきわめて強く、刈込み頻度もメンテナンスの集約度も少なくて済むのが特徴です。高温多湿の地域に適しています。駐車場の芝生化に向いた芝草と云えますが、芝生を形成するのに時間がかかるのが欠点で、知名度が低いのであまり普及していません。今後、駐車場芝生化で採用が望まれる種類の一つといえるでしょう。種子は現在、紅大貿易㈱と雪印種苗㈱から販売されています。

　シーショアパスパラム：一般に灌漑に用いられる地下水に塩分が混じっている場合や海水の飛沫がかかるところでは、通常の芝生を育成することができません。そのため塩分に強い耐性をもつサワスズメノヒエが芝生用に改良され、シーショアパスパーラムの名称で普及しています。日本では、種子繁殖の1品種と、栄養繁殖の品種「あも青」が流通しています。これらは土壌pHの適応域も広く、pH 3〜11の土壌で芝生を作ることができます。また、冠水にも強く20日間以上水に浸かった後に芝生として回復した例もあります。土壌塩類濃度が高く雑草も生えにくいような場所や、台風時などに塩を含んだ飛沫が飛んでくるような立地・土壌条件が悪い駐車場の芝生化に、候補の一番手として挙げられる芝生です。「あも青」はゾイシアンジャパン㈱、シーショアパスパラムの「シースプレイ」と「デザートオアシス」の品種は紅大貿易㈱から入手可能です。

5）キクユグラスを選ぶ

　本種は草高も低く、ほふく茎および地下茎で緊密な芝生を形成します。耐暑性と耐乾燥性に優れ、踏圧にも強い強健な芝草ですが、刈込み頻度がやや多いことが欠点です。残念ながら、現在市販されている品種は見当たりません。米国では普及していますので入手は可能と思われます。

3. 芝草の植え付け工法を決める

　駐車場芝生化計画・設計の最後の段階は、芝草の植え付け工法を決めることにあります。これは、芝生化面積の大小、工期（完成までの日数）、そして芝草の購入費用の概算を行う上で必須となるものです。芝生化工法は播種工法（種子による）と栄養繁殖工法（栄養繁殖力を利用する）に大別されます。播種工法は、芝草の単価が安く大きな面積に向いていますが、養生期間が長く完成までに数か月を要します。一方、栄養繁殖工法は、工期の短縮や仕上がりの確実性から広く採用されています。工法の選択は、技術面と費用面からして極めて重要なのでここに解説しておきます。

1）播種工法

　暖地型芝草の播種期は基本的に春期で、播種方法は自走式機械や手動式播種機によるなどです。ハイドロシーデイング・マルチング法など様々な資材を混入した吹付工法も普及しています。

2）栄養繁殖工法

　芝草の栄養繁殖器官である地下茎（ライゾーム）やほふく茎（ストロン）を用いて芝生を作る工法で、暖地型芝草植え付け方法の主流となっています。費用と工期が異なる以下のような工法があります（図10-2）。

　撒き芝工法（Sprigging）：切断した芝草の地下茎やほふく茎を埋め込んで芝生を作る手法で播茎法とも呼ばれています。全面撒布法、条植え法、押し苗法、不耕起法など面積、作業と費用などの条件によって選びます。作業性も良く費用も高くないのですが、工期がやや長いのが欠点です。

　二重ネット工法（Mulching）：切断した地下茎やほふく茎をネットで挟んだ製品を植え込み芝生を作る手法で、播き芝工法より簡便で雑草問題や病害虫問題が少ないのが特徴ですが、その分高価になります。

　株植え・ポット苗工法（Plugging）：芝草のプラグ苗（ポット苗）を植えて芝生を作る手法です。被覆スピードがやや遅いノシバ類やセントオーガスチングラスに適しています。

撒き芝工法

手撒き　　　　　　　　　　機械による撒き芝→苗押込み→転圧の一貫工法

二重ネット工法

ほぐしたほふく茎を二重ネットで挟んだ材料ロール　　　ロールを地面に延展→覆土

株植え工法

芝ポット苗　　　　　　　　校庭緑化での植付け風景

図10-2　栄養繁殖工法のいろいろ

　張芝工法（Sodding）：最もなじみの深い手法です。切り芝生（ソッド：芝生を一定サイズに切り取ったもの）を植えるので最も工期の短い工法ですが、費用が掛かるのが難点です。貼り付け密度によって以下のような工法に分かれ（図10-3）、それぞれ費用および工期が異なります。

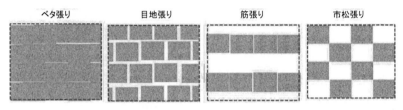

図10-3　張芝工法のいろいろ

- ベタ張り・総張り：切り芝生を100％張り詰めるので最も早く芝生化できますが、最も高くつきます。
- 目地張り：切り芝生の間をあけて（目地を設け）張る方法です。目地幅にもよりますが、ベタ張りより10〜20％切り芝が少なくて済みます。目地はすぐ芝生で埋まりますので最も合理的な張芝手法です。現在最も普及しています。
- 互の目張り：目地の幅を通常より広げて切り芝生を張りつける手法です。ベタ張りより30％材料費が少なくて済みます。その分芝生が100％覆うまで時間がかかります。
- 筋張り：切り芝生を横一列に連続して貼り付け、芝生一枚分を開け、また横一列に張り付けるやり方です。ベタ張りに比べ40〜50％少なくて済みます。当然、芝生で覆われるまで目地張りより長くかかります。
- 市松張り：切り芝生を市松模様（モザイク）に植え付けます。ベタ張りの50％の芝生で済みます。材料費を安くする手法です。半分の芝生化から100％芝生化に向けて余裕をもって進めるのに適しています。

第11章　駐車場芝生化の設計

　駐車場の芝生化設計は、駐車場としての利用を前提として、芝生の持続的な生育が保証される「場」造りにあります。そして、設計図書は駐車場を緑地として生まれ変わらせ機能させることにあります。しかし、芝生化しようとする各駐車場用地の条件は多様で、新設地や地表面がアスファルト・コンクリート舗装、そして専用駐車場か駐車用スペースかでも異なります。さらに利用される頻度や時間、車両の大小と重量などの社会条件、整備費用と管理費用などの経済的条件も多様です。そこで本章では、駐車場芝生化の設計図書の作成において留意してほしい基本事項にとどめ解説します（駐車場設計技術の詳細は別途発行されるグラスパーキング技術マニュアル：計画編・設計編を参照して下さい）。

1．芝生植栽基盤設計の要件

　第9章において挙げられている芝生化の要求機能5項目を満たす持続可能な芝生化設計には、原則として以下の3項目が要件となります。
①芝生の細根の呼吸（酸素の吸収）を保証する構造にすること。酸素なしには芝生の根は生きられません。
②芝生の土壌微生物への酸素の供給を保証する構造にすること。芝生から発生する枯死根や枯葉など土壌の有機堆積物を分解します。酸素がなければ有機物は腐敗し、土壌は腐り芝生も衰退していきます。
③芝地表土の団粒構造を維持・保全できる構造にすること。団粒構造は、芝生根系から供給される有機物と土壌生物（微生物や昆虫など無脊椎動物）よるこれらの分解物が、土壌粒子を凝集させてできます。芝生と土壌生物による土づくりです。
　この3項目が長期にわたって技術的に担保されてはじめて持続可能な芝生化の設計といえます。さて、土壌に酸素を供給する役割を主に担っているのは降水です。通常、雨水の地下への流れや排出の速さは透水係数（一般には透水性と呼んでいます）によって示されます。これは土性によって大きく異なります。

土壌は基本的に粘土、シルト、砂、有機物で構成されていますが、その透水係数は、砂質土壌が10^{-2}cm/secで1時間に360mmの雨水を浸透するのに比較して、粘土質土壌では10^{-6}cm/secで1日に10mm以下のオーダーとなります。透水性は土壌の通気性と表裏一体の関係にあり、透水性が高いということは通気性も高く、すなわち酸素の供給量も多いということになります。したがって、持続可能な植栽基盤設計においては、砂質土壌を用いることが大原則になります。云うまでもありませんが、粘土を含む一般的な壌土は、土壌の固化が進むことによって透水性がなくなり、同時に通気性もなくなり最悪は降雨が溜まることになります。芝生が枯れる現象の多くはこのことが原因です。砂質土壌を用いる利点はこの他にもありますが、上記3項目をカバーできるのはこれを置いて他にありません。

2．芝生植栽基盤の構造

　いよいよ芝の生育場所の設計です。駐車場における芝生の植栽基盤は、駐車場という条件下で芝生が長期にわたり維持されるための基本構造です。芝生化を進める路床（地盤・路盤）が舗装（既存舗装駐車場）の場合であれ、また地ならしした土面（新設）であれ、植栽基盤は長期にわたって根系を形成し細根を繰り返し発達させる場であり、構造の基本についてはすでに確立されています。駐車場としての必要条件を満たし、表土の固化を防ぎ、恒久的に芝生が維持される構造基準を以下に示します。

1）舗装上に直接植栽施工する

　芝生化する基盤の構造は「舗装路盤＋礫層＋床土層」となります。そして、植栽基盤は浸透水が滞留できる礫層（砕石・クラシャーラン・粗礫）と、芝生の根系（細根）が分布できる細砂の床土層からなります（図11-1）。礫層の厚さは10cm以上、細砂の床土層の厚さは15cm以上、最低でも両者の合計は25cmにはなるようにします。一般に、通気性の良い砂質土壌での芝生の根群域は深さ30cm程度になるので、細砂層は20cm程度はほしいところです。なお、床土の細砂が排水路に流入することがあるので、礫層の間あるいは下に透水性不織布を敷くことでこれを防止します。

　舗装上への植栽施工にあたって重要なことは、舗装部分に穴を開けて舗装路

盤に排水経路を確保することです。穴を開ける場所や大きさ・数は、舗装面積や傾斜などを勘案して決めます。

2）地面上に直接植栽施工する

地ならしした土壌路盤上に地盤安定のための透水性不織布を敷き、そして礫層（砕石・クラシャーラン・粗礫）を設け、その上部に細砂の床土層を設けます（図11－1）。排水溝を設ける場合は不織布の下に位置するようにします。礫層の厚さは15cm以上、細砂層は10cm以上とします。土壌路盤が透水性の高い土性（粘土質ではなく砂質の土壌）の場合は、細砂層を5cm程度にまで薄くできます。また、路盤が粘土質土壌の場合は、礫層を厚くします。以上いずれの場合でも、細砂層が厚いほど芝生の細根量が増加します。

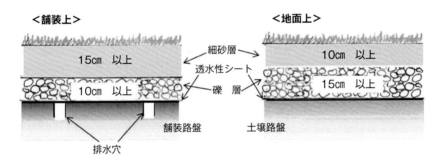

<＜舗装上＞　15cm 以上　10cm 以上　排水穴　舗装路盤　細砂層　透水性シート　礫　層　＜地面上＞　10cm 以上　15cm 以上　土壌路盤>

図11－1　植栽基盤の垂直構造

3．床土の設計

駐車場の芝生化では植栽基盤構造の床土を細砂層にするのが基本です。床土の設計は、植栽後の芝草の活着と生育、土壌の透水性・通気性、雑草の侵入・定着、芝生の補修・更新作業を左右する重要な要素になります。芝生の床土を細砂にする科学的根拠としては、①透水性と通気性が長期にわったって良好に維持されること、②表土の固化が生じないこと、③降雨による泥化が生じないこと、④雑草の発生・定着が少ないこと、⑤芝生の補植や更新などの作業が容易なことが挙げられます。今日、細砂を床土の主体とすることはゴルフ場等芝生造成において当然の技術となっており、異論をさしはさむ余地はありません

が、注意する点が幾つかあります。先ずは、用いる細砂（粒径）ですが、中砂（粒径0.25〜0.50mm）を中心にします。しかし、粗砂（粒径0.5〜1.0mm）や極粗砂（粒径1.00〜2.00mm）が混じってもそう神経質になることはありません。

　次に、細砂に混入する資材についてです。細砂の床土では、生長した芝生からは枯死した細根などの有機物や栄養塩基類が常に供給されますが、育成当初は透水性が高く、保水力も栄養塩基類もありません。このため、細砂に予め肥料、有機物資材または土壌改良材や保水材を混入させる必要があります。基本は160日型緩効性肥料と化学保水材の混入で充分ですが、保水材と土壌改良材としてピートモスなど有機質の利用もあります。なお、張芝の場合は、ソッドに付着している土壌で充分ですので、床土への堆肥や腐植土の混合はむしろ芝の生育を阻害します。

4．車両荷重対策

　芝生の最大の障害は、車両の加重によって床土が固化することと、加重が降雨後の軟弱化した土壌に掛かることによって生じる「わだち（タイヤ跡）」です。通常は、床土を細砂にすることでこの発生を防いでいますが、大型車両の重量や急激な車の切り返しなどに対して完全とは云えません。一般に完成した芝生は、少々の加重に対しては極めて強いものです。中小型車や作業用トラックなどの芝生への乗り入れや走行にも平気なのです。しかし、駐車位置が固定され加重が常に同じ個所にかかるところでは、損傷を受けるので対策を講じる必要があります。基本は「わだち」部分に硬質のタイヤ受けを設置し、タイヤ圧による芝生面の擦り切れや損傷、沈下や固化の発生を防止する方法です。タイヤ受けの形態は、普通車用や大型車両用によって大きさは異なりますが基本的には同じです。注意したい点は、可能な限り芝生の根系と地下茎やほふく茎の生長を妨害しない構造にすることです。

　つまり、タイヤ受け材によって芝生地下部が分断されず連続性が保たれることが重要で、上表面の溝や中心部に横向きの空洞があるグロックの採用などは、さらに効果的です（図11-2）。なお、荷重対策資材にはブロック、硬化プラスチック、木材、スチールなど様々な種類がありますが、駐車枡内への配置は、原則「わだち補強型」または「車輪部補強型」と呼ばれるものに限られます。

　ここで、しばしば誤解される「芝生保護資材」について補足しておきます。

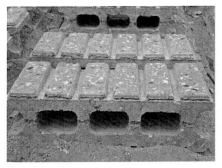 

図11-2　芝の連続性が保たれ生育しやすいタイヤ受けブロックの例

中心の空洞部（砂で充填される）の中は地下茎が、上面の溝の中はほふく茎が自由に行き来できる。

駐車場芝生化では全面ブロック型や強化プラスチックマット型と呼ばれる芝生保護装置が普及しています。これらは芝生を植栽後当面保護するだけで、芝生の形成に必要な地下茎やほふく茎の成長を阻害する構造になっており、芝生が持続不能になるのでその使用は避けてください。

5．芝生の材料費と植栽工期

　芝生は舗装とは異なり、施工完了時が最高の状態となるわけではありません。播種であれ張芝であれ、それぞれ芝生化が完成するまでに一定の期間が必要です。このことは、駐車場の芝生化においては施工（植栽基盤工事）が完了した時点を芝生状態の完成とはみなさない（出来ないともいえます）ということです。植え付け後に適切育成期間または養生期間を設けることによって、地下茎やほふく茎が横に発達し芝生が完成します。したがって、この芝生の独特の育成方法を設計に活かすことが極めて大事になります。植栽設計によって芝生資材費用（イニシアルコスト）が大幅に異なるからです。一般に芝生のコストはコンクリートやアスファルトに比べて高価だと思われがちですが、芝生の植栽設計次第で、イニシアルコストもランニングコストも安価にすることが出来ます。ちなみに、第10章に記載した張芝の小売単価1000円/㎡を基準とした場合を比べてみると以下のようになります。

　1000㎡当たりの芝生材料費は、
- 芝生化計画地全面に張芝をベタ張りした場合：1,000,000円

- 芝生化計画地の1/4または1/2に張芝をベタ張りする場合：250,000円〜500,000円
- 芝生化計画地の全面に張芝を市松張りした場合：500,000〜600,000円
- 芝生化計画地全面に二重ネット工法による撒き芝の場合：800,000円
- 芝生化計画地全面に機械による撒き芝の場合：700.000円（材工費）
- 播種工法の場合：20,000〜50,000円

このように芝生の直接材料費は植栽工法によって大きく変わりますが、同時に芝生化完成までの養生・育成期間も変わってきます。張芝は15〜60日、撒き芝は90〜120日、播種は4カ月〜5か月程度の育成期間が基準となります。

この他、芝生化を数年かけて駐車場内は徐々に進めていくなど、芝生化費用に対して柔軟に対処することができます。ただし、施工対価を求める設計・施工者にはあまり喜ばれませんが。

6. 附帯する工事設計

1）駐車枡区切り・舗装・駒止・縁石の設計

駐車場芝地は刈込み作業が必要です。したがって、駐車場芝地の設置物は、出来るだけ芝生刈込み作業時の障害物とならないようにすることが肝要です。ブロック面などが芝生面より上に出ないように、また、駒止などについても、刈込み作業時に移動可能なものが望まれます。

一方、駐車場芝地には、まったく区画を設けないところもありますが、多くの場合、駐車枡の明示のためになんらかの縁取りが設けられます。しかし、地下茎とほふく茎で広がる芝生は、1区画ごとに完全に閉鎖してしまうと生育に支障が生じます。芝生が広がりやすいようにするためには、駐車枡を区切り過ぎないように工夫するか、縁石（区切り）の形を考えることが必要です。景観的に見ても、区画の明示は点や短い線などで目立たないようにすることが望まれます。

駐車場においては、芝生化の目的からも出来るだけ芝生率を高めたいところですが、利用のされ方によって負荷の多くかかるところについては舗装も必要になります。出入り多い短時間駐車場所、出入りが少ない長時間駐車場所、あるいは出入りの多い入り口近くの駐車枡、出入りの少ない奥の駐車枡など、駐車強度や頻度を考慮して舗装部分を最少に抑える設計が求められます。いずれ

にしても、芝生化率の高低は駐車利用による強度の損傷が予測される部分の大小によって決まります。

2）排水の設計

　芝生に雨水の滞留による損傷が生じないように、駐車場内に雨水排水施設を設ける必要があります。砂質床土では大半が吸収されますが、一部は表面流水として排水されます。これは排水管や排水溝によって排水施設へ導くようにします。一方、路床がコンクリートや粘土質の土質の場合（床土が浅く区切られている場合）、細砂の床土からの水が路床に帯水しないように暗渠を設けることが望まれます。

3）バックヤード・マルチングヤード・植栽の設計

　バックヤードとは、補修用の芝生を維持しておくためのもので、補修用芝生の購入が容易な場合には必要ありません。通常、駐車に供しない部分か駐車がほとんどないところで芝生を育成しておきます。マルチングヤードとは、芝生の刈カスや剪定枝葉で地表を覆っておく場所を云います。マルチングヤードは駐車枡内でも植栽樹木の下でもよいのですが、植物の残渣で覆った地表は芝生面よりも透水性および地温の低下に優れますのでぜひ設置することが望まれます。樹木植栽は、芝生と連続させることによって、緑被空間、緑陰効果や景観効果が総合的に上がるので、できれば配置することが望まれます。すでに既存の植栽がある場合は、植え枡の面積を広げることで舗装面積を減らせます。

4）その他設備の設計

　給水設備設計：通常、駐車場芝生化に選択した芝生の種類では、初期の養生期間を除いて日常的に散水する必要はありません。夏期に長期にわたって雨が降らないような異常気象がない限り、乾燥によって枯れることもありません。しかし、植栽も含めて芝生に潅水できるようにしておくことは安心につながります。潅水方式には、散水栓から手巻きホースによる簡単な潅水（結構時間がかかります）から、スプリンクラーによる自動潅水、そしてチューブや管を設置しその散水孔から潅水するドリップ方式があります。駐車場の運営方針や費用面から相応しい方式が選ばれることになります。

　管制設備設計：駐車場を有料とする場合の駐車場管制の方式には、ゲート

式、フラップ式、有人式が一般的なものです。駐車料金、管理費用・管理方法や管理時間帯などが考慮されるのは当然ですが、芝生化駐車場であることを際立される工夫も必要かと思われます。

　電気設備設計：駐車場における電力の供給は、照明設備や設置設備の有無によって変わりますが、必要に応じて配管・配線を行います。駐車場の照度を確保するための夜間照明だけでなく、芝生の景観効果や誘導効果を上げるフットライト、ポール灯、ライトアップを併設することは、芝生化駐車場にまた違った価値を生むことにもなります。

7．芝生化駐車場のデザイン

　駐車場利用の利便性を失うことなく、連続した平面舗装面積を最少にし連続した芝生面積を最大にすることが基本になります。舗装駐車場に芝生があるのではなく、芝生駐車場に舗装部分もあるというコンセプトです。駐車場の頭にスマート、クール、クリーン、グリーン、サステイナブル、エコロジカルなどの形容詞をつけて呼ばれる駐車場デザインが期待されます。

　出入口の設定：駐車場用地への出入り口および車への乗り降り時の歩行する動線について計画します。ここでは連続した舗装面は出入り口近辺のみにすることが望まれます。

　駐車用地・通路の配置：駐車場の主体となる駐車枡および通路空間を配置し、前進駐車（前輪駐車）を前提に植栽など修景空間を考慮します。後進駐車の場合は、駐車枡出入り部分の舗装を考慮します。また、大型車両の駐車を考慮して、車路と駐車枡の角度が出来るだけ直角にならないようにします。

　景観デザイン：敷地全体を通じ樹木や植栽、照明・案内サインなどを含めた景観デザインを行います。芝生化部分だけでなく、周辺植栽などとも連携した駐車場全体の魅力を引き出すようにします。なお、雑草が発生する空間をつくらないこと、フェンス周りなどを雑草の管理がやりやすいように工夫することが大切です。

　芝生の維持管理が容易なデザイン：駐車場芝地は芝生の刈込みによって維持されます。このため、芝生面が均一で平らであれば、刈込の作業が容易で時間もかからず、管理コストも低減できます。段差のある芝生面や刈込みに障害となる構造物の設置は避けてください。美しい芝生景観は、刈込みによっ

てのみ生まれるのです。

第12章　駐車場芝生の施工と初期管理

　駐車場芝生化の良否を左右する施工段階における要素は、施工開始時期と初期の芝生育成期間です。芝生化施工とは、芝草材、床土材、保水材や肥料、タイヤ受けなどの設置資材、その他機材を搬入し、これを整形し仕上げることですが、ここでは芝生の供用が開始できるようになるまでの初期管理を含めます。一般に芝生が自力で生長できるまでの期間を養生期間と呼び、一定期間の立ち入り制限などを行った後芝生施工の完了とします。しかし、供用可能な芝生の完成が要求される芝生化施工では、初期管理期間は施工時期や施工方法によって大きく左右されます。本章は、芝生化施工において基本となる施工法と施工時期および初期管理期間について解説します。

1．施工時期および初期管理期間

　駐車場芝生化で選択される暖地型芝草は生育に比較的高温を必要とし、低温期には地上部が枯れ休眠します。したがって、芝生の施工時期によって必要な芝生育成期間が決まり、使用可能な時期も定まることになります（表12-1）。芝生施工者が最初に明示するべき重要事項は、初期管理期間または芝生化完成時期、あるいは供用開始可能時期です。

表12-1　芝生施工時期と必要初期管理期間

施工法	施行時期	初期管理期間	供用開始可能時期
張芝工*	4月～8月	施工後芝生の生育最盛期間の約2か月	6月～10月
	9月～10月	施行後翌春芝生の芽立ち後約1か月	翌5月～6月
	11月～3月	施行後翌春芝生の芽立ち後約3か月	翌7月～
播種工	3月～7月	夏期高温期間3～4か月	9月
撒き芝工	4月～8月	施工後3～4か月	8月～11月

*張芝工は100％ベタ張り

　張芝工の場合：張芝工においても施工時期が芝生化の成否を大きく左右します。被覆スピードが速い品種であっても、その年の生育期間を十分に生かすた

99

めには春から晩春が適期になります。暖地ではもっと早く植え付けることもできますが、低温では発根せずに乾燥で枯死するので注意が必要です。また、晩秋以降の植え付けでは、発根したとしても地上部が休眠して蒸散作用がなくなることから吸水できず、乾燥で枯死することが多く見られます。いずれにしても、初期管理期間は施工時期によって異なるので、適切な期間を設けることが原則となります。

播種工の場合：種子からの場合、一年のうちの生育可能な期間をできるだけ有効に利用することが必要です。暖地型芝草は発芽に比較的高温を好むので、晩春から初夏が播種適期になります。本種は高温乾燥に強いといっても、幼苗の期間は土壌の乾燥が生じないよう初期の水管理が必要です。なお、暖地型芝草の晩夏以降の播種は、休眠に入るまでに十分な生育期間が得られないので避けるべきです。

撒き芝工の場合：芝生の栄養繁殖工法で、暖地型芝草の切断した地下茎やほふく茎を植栽します。時期は地温が上昇し始める春期以降ならいつでも可能です。芝生化完成まで3か月程度が必要なので9月以降の施工は避けた方が良いでしょう。

2．施工材料の調整

施工前の材料調整とチェックは、施工後に発生する問題防止とともに芝生の健全な生長を担保するためにも必要です。芝生の育成時に発生する問題のほとんどは材料チェックによって防ぐことが出来ます。

切り芝（ソッド）の規格：現在、切り芝（ソッド）の規格は、全国芝生協会によって芝生産地別の統一規格が策定されていますが（表12-2）、まだまだ種類が多く全国レベルで統一されていないのが現状です。したがって、芝生の産地によって材料使用量が異なるので注意が必要です。

表12-2　全国芝生協会地区別統一切り芝規格

地区	長さ(cm)	幅(cm)	1束の枚数	1束の面積(㎡)
北海道地区	180.0	30.0	1	0.5400
	200.0	30.0	1	0.6000
茨城地区	35.5	26.0	10	0.9100
東京・神奈川・静岡地区 九州地区（宮崎）	36.0	28.0	10	1.0080
福井・鳥取地区 九州地区（鹿児島・宮崎）	37.1	30.0	9	1.0017
愛知・三重・岐阜地区	37.2	30.0	10	1.0044
九州地区（鹿児島・熊本）	33.4	30.0	10	1.0020

　目地幅と切り芝（ソッド）量：芝生産地とその規格を確認した上で、以下の数式で使用材料量を算出します。使用材料量は100％張りを基準として％で表します。

ソッド1枚の面積／（（ソッドの縦幅＋目地幅）×（ソッドの横幅＋目地幅））×100

　　例）関西のソッド規格（37.1×30.0）の場合

目地幅 (cm)	使用材料 %	目地幅 (cm)	使用材料 %
1	94.2	6	71.7
2	89.0	7	68.2
3	84.1	8	64.9
4	79.6	9	61.9
5	75.5	10	59.1

　播種量の規格：暖地型芝生種子の1g当たりの標準粒数は、バミューダグラス類が約4,000、ノシバ類が約1,500、バヒアグラスが約400ですが、採取年度やロットによってばらつくのが普通です。播種量の決定は、㎡当たりの株数から算出します。駐車場芝生の株数が公園などの芝生と同程度必要と考えれば、15,000株／㎡前後が適当な播種量になります。実際の播種量は以下の計算式で算出します。

播種量産出の計算式

$$S = N / (Q \times (P/100) \times (G/100) \times (1-a))$$

S：播種量（g/㎡）
P：純度（%）
G：発芽率（%）
Q：1g当りの種子粒数
N：成立希望株数
α：気象状況などによる不発芽と幼苗時枯死の割合（1〜0）

なお、播種量は適切であっても、播種適期や初期育成を誤れば目的とする株数が得られないので注意が必要です。

3．植え付け施工

　路盤上に礫（砂利・砕石・クラシャーラン）層と細砂層からなる床土が整形されるといよいよ植え付けです。植え付け作業は機械植え、手植え、二重ネット植え、張芝植え、挿し芝植え、ポット苗植えなど様々ですが、タイヤ受けや縁石が設置されている（または設置する）駐車場の植え付け施工には次のような注意が必要です。

　芝生面の高さ：芝生は適度の重力圧や葉の刈込によって広がり維持される性質の植物です。植えられた芝生が重力圧も受けず、葉の刈込もされなければ必ず衰退します。したがって、生育時の芝生面の高さ、正確に言えば地際にある芝生生長点の位置がタイヤ受け面や縁石の面と水平またはそれよりやや上に出るように植え付けることが原則です。もちろん、タイヤ受けや縁石を設けない場合は自由ですが、どのような芝生化工法であっても、生育時の芝生面がタイヤ受け面より下になるような植え付けをしないことが肝要です（図12-1）。

　車輪から芝生を保護しようとする思い込みから、芝生保護資材の設置やブロック面より低く植え付けされますが、これらは明らかに間違いです。芝生は、転圧、踏圧、タイヤ圧、刈込など地際にある生長点への刺激によって育つのです。

　切り芝生と床土との親和作業：これは張芝施工に限ったことですが、芝生が育ってきた土壌と移植される場所の土壌（床土）の土質・土性が異なると発根が阻害される現象があります（Box-3，62頁参照）。これは元の生育地の土壌

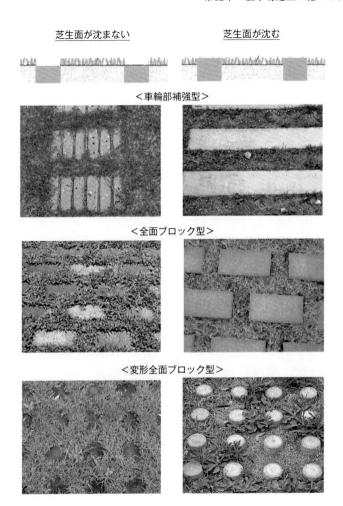

芝生面が沈まない　　　　　　　芝生面が沈む

＜車輪部補強型＞

＜全面ブロック型＞

＜変形全面ブロック型＞

図12-1　芝施工面が沈んでいない例と沈んだ例
芝生と資材の面が揃っていると、芝が資材の上をカバーして緑被率が高まる。沈むと車両や人の動き妨害するだけでなく、芝の衰退を促し雑草の侵入を促進する。

環境と新植された土壌環境が一変することによって起こる反応なので、植栽床土の上に切り芝生に付着している土壌を適当に振るい落として馴染ませてやります。これによって、この後に行う水決め作業とで細砂とよく混ざり、土壌環境の激変が緩和され、スムースな発根が得られます。これを土壌の親和作業と呼んでいますが、芝生の活着（細根の発生）を促進する重要なポイントです。

　張芝と目砂入れ作業：床土と切り芝生を密着させ、敷きならしをしたのち、目地を床土と同じ細砂で埋めます。目砂の量は目地の凹部が埋まる程度にし、張芝面より上に出ないようにします。そして、張芝生面が均一になるようにローラーまたは踏圧によって転圧します。

　水締め（水決め）作業：床土と張芝生の間やタイヤ受けのなかに空間が出来ないように、床土や目砂が密着・安定するまで念入りに水締めをおこないます。水締めとは、散水とは異なり、たっぷりの水で表面を鎮圧する作業です。水締めの後は、シェーピング工具などで表面を整形して仕上がりとします。

路盤の砕石を入れる ⟶ シートを敷く ⟶ 床土の砂を入れる

⟶ ソッドを張る ⟶ 目砂を撒く ⟶ 水締め

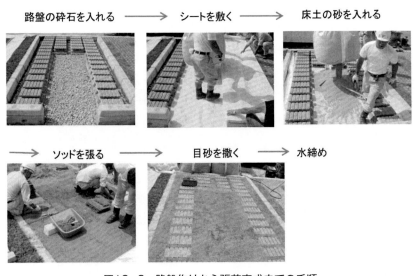

図12-2　路盤作りから張芝完成までの手順

4. 芝生化の養生期間

　植栽施工の終わった芝生は、放っておいても芝生状態になるわけではありません。芝生化の完成の良否は施工後からの手入れ次第で変わるのです。通常、芝生の根が活着し独力で生育できるまでの期間を「芝生の養生期間」と呼び集約的な管理作業を行います。一方、芝生が設計図書どおりに完成するまでの期間を「芝生の初期管理期間」と呼び、芝生化を促進する作業と芝生化の阻害要因を排除する作業が含まれます。芝生化施工においては、養生期間の管理目的

と育成期間の管理目的をしっかり理解しておくことが必要です。

　養生期間の潅水作業：植栽施工が望ましい形で行われた後の次の段階は、植栽された芝草が細根を発生し芝生としての自立を促すことです。この期間は、芝生の種子または栄養繁殖器官から発生した細根が吸水できる深さ（10〜15cm）まで伸長・分布するまでを云います。この細根の発生による水の吸収がない限り光合成も生長も始まりません。したがって、施工直後は播種層や張芝生や撒き芝が乾燥しない程度に頻繁に潅水するのがコツです。特に張芝は蒸散作用を行うので、細根が出ないと枯れます。しかし、じゃぶじゃぶの潅水は細根の発生に有害となるので気を付けてください。そして、細根が発生した以降は、10〜15cmの深さに届く程度に潅水し、その頻度も少なくしていきます。特に夏期の養生期間は天候を見ながら調整します。

- 播種工の場合：通常、播種後発芽まで2週間程度間、1日2回の散水が必要です。そして当初の散水は播種層を乱さないよう注意することです。生育がそろえば1日1回の散水、そして徐々に散水頻度を少なくしていきます。播種量や品種によって異なりますが、養生期間は通常3か月程度が必要です。

- 張芝工の場合：芝生の種類と品種によって異なりますが、発根・活着までの期間は通常2週間程度です。この間は、降雨がなければ1日1回の散水が必要になりますが、それ以降は晴天の状況に応じて潅水してください。通常、1か月程度すぎると自然降水だけで生育しますので、養生期間は最低3週間ほど欲しいところです。

- ポット苗・撒き芝の場合：芝生の種類や密度によって大きく異なりますが、苗の乾燥を防ぐために頻繁な散水が必要です。養生期間は1〜2か月必要です。

5．芝生の初期管理期間

　養生期間で芝が細根の発生・発達を開始し活着すると、次に地下茎・ほふく茎を発達させて拡がり‘芝生化’が完成します。芝生の初期管理期間は施工時期によって大きく変わりますが、基本的な作業としては、刈込みと雑草対策の2点となります。

　刈込み作業：芝生が水不足（水ストレス）状態になるのは、細根による吸水量が葉の蒸散量に追いつかないことが原因です。蒸散量はほぼ葉面積に比例す

るので、葉が伸び過ぎないように刈込んで葉面積を減らしてやることが必要です。水を大量に与えることは水ストレス対策にはならず、細根の発達がまだ十分でない育成期間においては、むしろ逆効果になります。夏期の育成期間の刈込みは、芝生の吸水量の抑制と根系を発達させるための作業と考えるのが良いと思われます。

　雑草対策：芝生施工後、芝生化が完成するまでの初期管理期間で必ず問題となるのが雑草の発生です。これらの雑草は、種子や栄養繁殖体として様々な経路で持ち込まれます。芝生ソッド土壌・芝生種子・客土に混入、工事用具・作業車・作業員などへの付着、そして雨水や風で種子が運ばれるなどです。雑草は、張芝工では主として目地から、播種工では全面に発生してきます。一般的な春夏期の施工で初期管理期間に発生する雑草は夏雑草と呼ばれる一年草で年内に枯死します。次いで発生してくるのが冬雑草と呼ばれる一年草です。芝生が休眠期にあるので翌年の春までずっと生長する雑草です。初期管理終了時（使用可能になる時期）に雑草の繁茂がないことが条件になるので除草が必要です。張芝工の場合は、刈り取り、手抜き、除草剤使用のいずれかになります。播種工の場合の除草は除草剤でしかできません。撒き芝の二重ネット工法は、雑草対策のために開発された商品といえます。施工時期が遅く初期管理期間が翌年にかかる場合は、使用開始時期（初期管理終了時）の前に冬雑草の除草と夏雑草の発生対策を行う必要があります。刈り取りと除草剤使用がありますが、適切な除草剤の使用が最も経済的な手法です。

　芝生の休眠に備えての一般的な注意：芝生化当年の11月頃になると、芝生は、気温や芝生の種類によって多少の違いがありますが休眠期に入ります。休眠期間中の芝生は、葉は枯れていますが、地下茎やほふく茎、そして細根は生きています。云ってみれば落葉樹のような状態です。この期間の芝生の特徴は、葉による蒸散作用がないので土壌の水循環が起こりにくいことです。加えて低温により土面蒸発も起こりません。その結果、芝生の根域に雨水が滞留しやすく、細根が呼吸困難で枯死する原因となります。翌春の芝生の芽立ち（芽吹き）が悪くなるのは、冬期の土壌酸素不足による細根の枯死や細根発生停止によるもので、水不足でも肥料不足でもありません。駐車場の芝生化育成管理で最も間違いが多いのがこの点です。冬期における透水性の確保こそが健全な芝生の育成には絶対的に重要なのです。したがって、芝生が休眠に入る前の作業は、過湿土壌（透水性の悪い土壌）を補正し、降雨や表面流水の滞留する部分をな

くすことが中心となります。この他、芝生面とタイヤ受けや設置物とに段差ができていると雑草種子の堆積と発生場所となるので、水平となるよう目砂を施します。植え付け当年の冬を健全に越すことができれば、持続可能な駐車場芝生化は完成です。

第13章　駐車場芝地の維持管理方針

　維持管理とは、養生期間と育成期間を経て芝生として完成したものを、できるだけ持続的に健全に維持することです。維持管理における最初の段階は、まず、求める芝生の品質、維持したい期間や管理予算を明らかにし、それに基づいて管理の方針や計画を設定することです。維持管理方針は管理予算に連動しますので、駐車場芝地の所有者、占有者、管理者を交えて合意するのが原則です。本章では、駐車場芝地についての管理の目標と管理集約度（レベル）の設定を行うために必要な関係情報を提供するとともに、実施の必要な主要管理技術について概説します。

1．機能別にみた芝地の管理方針

　芝地はその機能から、リクリエーション利用、アメニテイ形成、および環境（土壌・水・大気）保全という以下の3つのカテゴリーに分けることができます。

　カテゴリー1（施設が芝生中心に成り立っているケース）：ゴルフ場をはじめ、球技場、競技場、競馬場など、芝生そのもので成り立っている芝地です。要求される芝生の品質が高く、適切な維持管理技術を適用するための管理予算もしっかりと立てられます。芝地の良否が直接の利益に影響するからです。ここに駐車場芝地が付置される場合には、設備全体から見て調和がとれていることが必要です。

　カテゴリー2（芝地が施設の重要な部分を構成しているケース）：アメニテイ形成とリクリエーション利用を目的とした芝地で、都市公園、緑地公園、工場緑地、商業緑地、住宅団地、庭園、墓園、校庭・運動広場、遊園地、大規模公園・自然公園など、多種多様な施設内の芝生です。要求される管理品質は、所有者・占有者・管理者・利用者の認識レベルと維持管理予算の多寡によって大きく異なります。ここでの芝生は諸施設のなかで最も主たる地位にはありませんが、最も従たる地位（芝生は大事でない）でもありません。したがって、駐車場の芝生をどの程度上位の地位（芝生は大事な施設）に置くかによって、維

持管理の予算も品質も決まります。

　カテゴリー3（芝地が施設の土壌保全や景観形成などに利用されているケース）：
芝生利用の主目的が、土砂流出防止、地盤沈下防止、泥沢防止、表面流水防止、
掃流水汚染防止、熱汚染防止、防塵など環境保全目的の芝地です。これには道
路敷、鉄道敷、河川敷、電力施設、上下水道施設、飛行場、基地、工業団地用
地、遊休地や埋立地などがあります。一般に、施工後数年は芝生として維持管
理されるようですが、5年、10年を過ぎると雑草管理（除草作業）に重点が置
かれるようになります。芝地が著しく悪化した場合はその対策や更新が必要と
されていますが、芝生の美的な要素が特に必要とされる場合を除いて。雑草管
理になるのが普通です。

　以上のように、芝地管理の実情は芝生の利用カテゴリーによって大きな違い
があり、駐車場芝地の管理方針もどこに設置されるかでかなり異なるでしょう
が、カテゴリー2の水準が一応の基準になると考えられます。

2. 駐車場芝地の維持管理水準

　一般に芝地の維持管理の主要作業は、芝刈り作業、土壌管理作業、雑草管理
作業ですが、その作業集約度は芝地の要求機能によって異なります。

管理集約度A：ゴルフコースのパッテインググリーンやローンテニスコートな
どのレベルになります。芝草の種類にもよりますが、年間100回以上の芝刈り
をします。土壌の通気性の改善のための頻繁な作業が必要です。雑草防除は必
須で、最も苦労する作業です。駐車場芝地ではゴルフパットの練習への併用で
も考えない限り、このクラスの水準は必要ありません。

管理集約度B：ゴルフコースのフェアウェイやティグリーン、野球場、競馬
場、サッカー場などの球技場・競技場などの商業利用芝地のレベルで、年間30
回以上の芝刈りと、年1回の土壌通気性の改善作業が必要です。雑草対策は年
1～2回の計画された除草剤撒布が標準です。また、販売用切り芝の栽培管理
もこの水準になります。

管理集約度C：ゴルフコースのラフ、庭園、公園緑地、公共施設緑地、工場緑
地、商業施設、学校緑地、病院、寺社（墓地など）などの修景芝地、遊園地や
各種パークの緑地、大規模公園や自然公園などの芝地では、このクラスの管理
になります。年間5～10回程度の芝刈り回数が基準です。土壌の改善作業はほ

とんど行われません。雑草対策もまちまちです（計画的に除草剤撒布が行われているところもあります）。

管理集約度D：道路緑地、飛行場、基地、堤防、集合住宅緑地、防災公園などの芝地がこれにあたります。年間2〜3回の芝刈が標準になります。土壌の改善作業は行われません。雑草防除は、繁茂がきわだたない限り計画的な除草剤撒布は行われません。

管理集約度E：芝地管理が行われず雑草地に変わったところ、土壌固化の放置や補修作業が行われないことで裸地化したところの元芝地がこれにあたります。年1回程度の清掃作業としての刈り取り除草が行われますが、芝地に戻ることはありません。

　さて、駐車場芝地の管理レベルはどこに置けばよいのでしょうか。維持管理は施工業者に丸投げということもありですが、管理費用（コスト）が掛からないものを選ぶ、費用対効果から考える、業務委託会社に任せるなど選択肢はいろいろです。前述の管理方針の水準でカテゴリー2を基準とすると、駐車場芝地の管理の集約度は、芝刈りはCレベル、土壌管理と雑草管理はBレベルの作業水準が適切といえます。

　今までに述べてきたように、駐車場の芝地の存在自体は社会に外部経済効果、すなわち環境便益（生態系サービスの改善）のような無償の利益をもたらします。一方、駐車場芝地には次のような内部経済効果（手にすることが出来る利益）の側面も大いにあるのです。

• 既存緑地の量および質の向上：資産効果を高め社会的・環境的・経済的付加価値を生み、社会的評価が高まる。
• 駐車場を緑地として計上：環境・厚労・経産・建築などの法令基準への対応、敷地の有効利用につながる。
• 駐車以外の目的にも利用：保養・休息、防災・避難、集会・展示などオープンスペースとして用いることができる。

3．駐車場芝地の維持管理技術

　駐車場芝地の維持管理に必要とされる技術について解説します。ここでは、第10章および第11章に示した設計・施工を基本に造られた芝地を対象にしています。

芝刈り・芝刈込み技術：芝刈込み技術は、芝生の種類に応じた年間刈込み時期および刈込み回数を設定することです。年間刈込み回数は標準的、粗放的、集約的（第14章　図14-1）のいずれかを設定して、予算の基本にします。

床土の管理：床土管理の主なものは施肥と目砂となります。年1回冬期の芝地状態を点検し、必要個所に対して処置します。

芝生の保護管理：芝地の保護管理は雑草の管理と防除が主な技術となります。病害や害虫の発生はないわけではありませんが、駐車場芝生においては実害が観察されていません。駐車場芝地に限りませんが、芝地雑草の防除計画は、刈込み計画と同様基本的に必要です。

補修・更新：この作業は、広義には荒廃した芝地を再造成、補植、雑草除去などとされますが、狭義には衰退した芝生を回復させることにあります。芝地は数年経過すると、芝生の根や刈カスなどの有機物が床土に堆積してきます。この有機物の分解を促すために、通常エアレーションと呼ばれる芝地床土の通気性を改善する技術です。

利用調整：良く管理された芝地は人為的なストレスによく耐えますが、それでも限界があります。一般的な芝地の損傷・衰退のほとんどは、芝地の限界収容力を超えた過剰利用が原因となっています。中でも休眠期にある時と春の芽出し時期（萌芽時期）の芝生は、踏圧抵抗性がなく、損傷を受けやすいのです。この時、芝地の緊急的または一時的な保全を行うのが利用管理技術です。芝生の緊急保全には冬期駐車制限、芝生保護材の一時的施設、駐車位置変更など、ひどい場合は閉鎖処置などがあります。

4．駐車場芝地を評価するのは誰か

　駐車場芝地の管理品質評価は、所有者・占有者の社会的・環境的・経済的認識度、利用者の社会的・環境的認識度、受託管理者の環境的・経済的認識度によって左右されます。しかし、ここで強調したいことは、その最終的な評価は常に近隣住民や利用者を含めた市民の目によってなされることです。

　芝地の維持管理の水準は、実際には、芝地の付加価値、経常管理費用、管理技能の3点からほぼ決まるともいえます。駐車場芝地の所有者・占有者はもちろんですが、利用者・管理技能者も芝地に対する評価度が高いと、高い管理水準が設定されます。通常、駐車場芝地管理は、所有者・占有者と請負管理者の

利害関係が影響して、管理水準と管理コストとはトレードオフの関係になります。ここでベースになるのは作業請負の出来高評価で、駐車場芝地の維持管理に特化した技術が求められない可能性があります。

　最後になりますが、駐車場芝地の維持管理においては、施主や事業者が「芝生が資本財」であることの理解が不足していること、加えて芝地の維持管理を専門とする造園土木事業者の不在という現状があります。そこがゴルフ場や球技用芝生と異なります。それでも、私たちの生活圏のそこかしこに緑の駐車場が生まれ、その恩恵を受けるかどうかは私たち自身の意識次第にかかっています。これから先、EV車や自動運転車などの普及が進むとともに、駐車場芝地が持続可能な車社会の出現に寄与することになるのは確実です。

第14章　駐車場芝地のメンテナンス：刈込み

　芝生は地表面の上下の狭い層にほぼ永年的に生き続けていますが、これはほふく茎や地下茎の芽からの葉や根の活発な再生・更新があるからで、繰り返し行われる刈込みがこれを可能にしています。このように、刈込みは芝生の維持管理上、最も重要な作業です。刈込みは、対象場面の使途と芝草の種類によって、刈込む高さおよび頻度（回数）が異なります。ゴルフ場の各プレー区など、その基準がおよそ決まっている場面もありますが、そうではない駐車場芝地という場面ではどうするのが適切なのでしょうか。はっきり云えることは、刈込みは「伸びた」から行うメンテナンス作業ではないということです。本章ではこれまで諸場面で明らかになっている使途 − 芝草の種類 − 刈込み程度の関係を参考に、駐車場芝地でのあり方を探っていくことにします。

1．駐車場芝地の望ましい草高と刈込み回数

　芝生は様々な用途や場面に利用されているので、その使途に適した草高があります（表14-1）。また、場面によって採用される芝の種類が異なるので、その種類の特性に応じた適切な刈込みの高さや頻度が存在します。そして、その合致するところが各場面の刈込みの基準となります。

　駐車場芝生化で推奨される芝草について、望ましいとされている芝生草高およびそれを維持するための年間刈込み回数を表14-2に示します。ただし、ここに挙げたのはあくまで一般的基準であって、ノシバ、ティフトン、セントオーガスチングラスでは矮性品種があり、これらを採用する場合はこの限りではありません。いずれにしても、刈込みは芝生が伸びたから取りあえず行うというような作業ではなく、あくまで各芝草の種類に応じた生長の活性化と駐車場という用途に適した芝生の高さを維持するために行うものであることは、云うまでもありません。

表14-1　芝地の種類による標準的な刈り高

芝地の種類	刈高（mm）*
住宅・工場・学校・公共施設などの芝生	15～30
都市公園・遊園地・芝生広場などの芝生	20～30
競技場・運動場・校庭芝生	20～25
サッカー場・野球場の芝生	20～25
ゴルフ場グリーンの芝生	4～ 6
ゴルフ場ティーグランドの芝生	12～6
ゴルフ場フェアウエイの芝生	18～25
ゴルフ場ラフの芝生	40～50

*使用目的からみて、望ましい芝生の草高。

表14-2　駐車場芝生化で推奨される芝草の種類と刈込みの草高・回数の基準

芝草の種類	維持したい草高（cm）	刈込み回数*		
		標準的	集約的	粗放的
ノシバ類	5≧	4 (3)	5 (4)	3 (2)
ティフトン類	3≧	6 (4)	8 (6)	4 (2)
セントオーガスチングラス類	8≧	3 (2)	4 (3)	2 (1)
バヒアグラス	10≧	2	3	1

*（　）内は矮性品種の場合の回数：ノシバ：ひめの、ティフトン：ティフドワーフ
セントオーガスチングラス：シェードⅢ。

2．駐車場芝地の刈込み時期

　芝生の刈込みの目的は、①分げつを促進して葉数を増やす、②生長点が上がってこないようにする（徒長を止める）、③ほふく茎や地下茎の分枝と伸長を促す、④地上部を抑えることで根系の発達を促すことにあります。したがって、芝生の刈り高は、生育始期頃は高めに、生育盛期は低めに、生育終期は高めで行います。刈込み間隔は、生育盛期には短く、生育の鈍い時期には長くなります。また、日照時間の少ない梅雨期の芝生は徒長しやすく、病害も出やすいので梅雨期前後（中）の刈込みも大切です。伸び過ぎてからの刈込みは芝生の衰退をまねくだけですので絶対に避けてください。刈込み時期は、地域の気候やその年の気象条件で若干異なりますが、芝の種類を問わず、以下の点が外せない重要なポイントです。

①第1回目の刈込みは、梅雨入り前に必ず実施することです。理由は、梅雨期
　には湿潤・高温と日照不足で、茎葉が著しく伸びる（徒長する）からです。
　望ましい時期は、芽立ち後生育が旺盛になった頃（5月中旬～6月上旬）です。
②梅雨中に伸長した茎葉に対する、梅雨明け直後の刈込みも必須です。
③その後、秋期（10月頃）まで、伸長状況に応じて刈込みますが、夏季（8～
　9月）の生育盛期には間隔を短くします。
　各芝草の生育期（休眠期以外）を4～11月あたりとみると、標準的な刈込み
時期は図14-1のようになります。

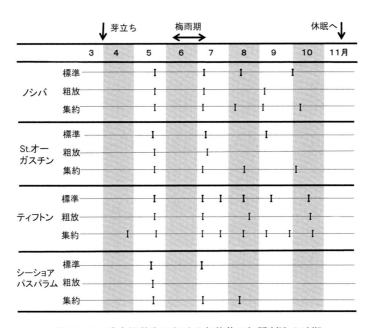

図14-1　駐車場芝生における各芝草の年間刈込み時期

3．駐車場芝地の刈込み作業機械

　芝地面の刈込みにはいろいろな手法があります。芝生化駐車場の刈込みには
面刈機械（ローン・モアと呼ばれる）が適していますが、これらにも小面積用
の芝刈りハサミから大面積用の自走牽引型まで大小さまざまなものがありま
す。駐車場芝地で用いるローン・モアの選択は、刈込み面積の大小、刈込み回

数、刈込み障害物の有無、作業者の技能、予算によって決まります。なお、ローン・モア以外に刈払い機（除草機）もありますが、これは駐車場芝地には向きません。なぜ適していないかの説明のために、以下にはこれを含めて、それぞれの特徴を紹介します。

1）刈払い機（除草機）

　刈払い機で芝を刈れないわけではありません。携帯形式により肩掛式、背負式および手持ち式に分類されますが、肩掛式が最も多く用いられています。刈刃は、切り込刃、ナイロンコード刃、レシプロ刃、回転自在刃などがあります。草刈り機は、名前の通りもともと除草用機械であり、大きくなった雑草を刈り払うための道具で草高の低い芝生を刈り取るように設計されていません。したがって、芝地の刈込み作業に用いるには熟練を要します。加えて、作業者の負担も大きく、芝刈カスと雑草の集草も大変です。また、刈払いで一般によく見られるのは、芝削りと呼ばれる芝生を地際から刈り取る刈り方で、芝生をダメにしている光景です。草刈り機は芝生内に生育する雑草を対象として使用する以外、芝地の刈込み作業用機械としては適切ではありません。

2）歩行型ローン・モア

　手押し式ローン・モア（歩行型芝刈り機）には、走行部が車輪式などの人力式と原動機利用のホバー式と自走式があり、その刈刃にはロータリー刃、レシプロ刃、ナイロンコード刃などがあります。人力式は小型、軽量で扱いやすいのが特徴で、小面積の芝刈り作業に向いています。20cmから35cmの刃幅までありますが、150㎡までの芝地が作業限度です。この点原動機による動力手押し式になると、300㎡ほどの刈込み作業が可能となります。一方、走行部も原動機の自走式は、作業能率も高く、300㎡以上の刈込み作業も楽にできます。刈刃はロータリー式、レシプロ（バリカン）式、リール（シリンダー）式などがありますが、ロータリー刃方式が最もよく利用されています。なお、自走式には芝刈カスを同時集草することができる機能もあり、利便性の高い芝刈り機です。駐車場芝地の刈込み規模ではこれらの型式が向いていると思われます。

3）乗用型ローン・モア

　乗用型には自走式とトラクタ等への直装式があります。刈刃の種類はロータ

リー刃、リール刃があり、自走式の走行部の種類には扁平広幅タイヤやゴムクローラがあります。また、芝刈カスを同時集草することができるものもあります。トラクタ直装式には、前部または後部ヒッチに直接刈取部を装着するタイプ、長いブームを取り付けてその先端に刈取部があるブーム式があります。ブーム式は、車道を走りながらブームを伸ばしたり、角度を変えたりできるので大面積の駐車場芝地に向いています、車道があればの話ですが。

4）無人式ローン・モア

　欧米では広く利用されている芝刈り用ロボットも国内において市販が始まっています。この市販機は、作業境界にワイヤを埋設することで、その範囲内をまんべんなく走行し芝刈りを行うバッテリー駆動の小型ロボットです。また、ラジコン式草刈り機も大型から小型まで市販されています。芝生化駐車場がグリーンインフラとして働き続けるために、芝刈りロボットの導入によって省力的、省エネルギー、管理コストの削減などが可能になります。太陽光発電の設置などが加われば、車を止めておく機能だけの舗装駐車場を低炭素社会のグリーンインフラに変えられるでしょう。

手押し式ローンモア　　　　　　　　　　乗用式ローンモア

図14-2　芝生の刈込み作業

4．芝地から出る芝刈りカスの利用

　芝地の刈込みによって発生する刈カスは駐車場内で処理するのが原則です。駐車場から発生する芝の刈カスを生ゴミや廃棄物として処分することは、グリーンインフラとしての価値を損なうばかりでなく、優良なマルチ資材（被覆

資材）を無駄にすることになります。芝刈カスを上手に利用することは、駐車場芝地の環境機能をより高めるためにも重要です。芝の刈カスによって被覆された地表面の温度は、日中は芝生面よりさらに低く、夜間は芝生面と同程度に保たれます。また、土壌湿度の保全（乾燥防止）にも効果があることが認められています。このように、芝刈カスのマルチ利用は大切な維持管理作業ですので、清掃作業の感覚で行うのは間違いです。いずれにしても、芝刈カスは有機物の堆積と土壌の過湿化、病害虫の発生原因にもなるので芝生内に残置しない注意が必要です。

　植込みや樹木のマルチに用いる：樹木周りや樹木の植え枡、植え込みの下、花壇などのマルチに利用します。地表温度の低下、土壌湿度の安定、土壌流亡や土壌固化の防止、土壌栄養・改良効果、雑草防除効果など良質の土壌被覆機能を発揮します。

　マルチ用の駐車枡を設定する：裸地または舗装面に刈カスをマルチすることによって、直射日光の遮断および舗装部への熱伝導を止めることが可能です。問題は降雨や表面流水、風などによって舗装上の芝刈カスが移動することにあります。マルチ用の駐車枡を設けるかマルチ部分に芝生プロテクターを設置するなど工夫してください。なお、刈カスマルチは、1年程度で分解するのでどんどんたまっていくことはありません。

第15章　駐車場芝地の保守点検と補修

　駐車場芝地の維持においては、定期的な点検とそれに基づいた補修作業が不可欠です。点検作業は年1回芝生休眠期である冬期に目視で行うのが原則です。点検事項は芝の生理的劣化（主に土壌の通気・排水不良による）および物理的損傷（タイヤ圧やエンジン熱による）がないか、雑草の発生状況、芝地平面全体に変形などがないかです。点検は面倒なことと思われがちですが、これによって問題の早期発見と迅速な対応ができ、劣化が進んでから対処するよりもはるかに経済的といえます（図15-1）。

1．芝生の健康状態の点検

　芝生の健康状態は、その細根が生理的に良好な状態に置かれているかどうかで決まります。そして、これを左右するのは床土の状態であることから、冬期に行う芝生健康状態の点検は、土壌が過湿になっていないか固化していないかを目視するのが基本になります。湛水していたりコケ類が繁茂していたりするのは危険信号です。駐車場芝地の床土は年々、物理的、化学的、生物的にその性質が変化していきます。芝地土壌には芝生由来の有機物である枯死細根、刈カス、サッチが年々溜まっていきます。これらの土壌有機物は通常好気的土壌微生物によって分解されますが、透水性不良による過湿や固化の進行した土壌では、酸素不足によって嫌気性のバクテリアが増え、分解ではなく腐敗が起こります。こうなると休眠中の芝生の根は呼吸を停止し枯死します。芝生衰退現象の多くはこの休眠期の枯死が原因です。春になり肥料をやっても散水しても芽が出てこないというのはこれが原因です。細根の生育が抑制されると芝生が薄くなり衰退し、裸地化へ進みます。衰退過程の進行程度は土性によっては大きく異なります。すなわち、細砂を中心とした砂で構成された床土では酸素不足は起こらず、したがって、細根の劣化は生じません。その最大理由は、この床土の固相・液相・気相のバランスの取れた三相分布にあり、踏み固めによる固相の増加防止や降雨の滞留による液相の増加防止、芝生細根の保全と育成が可能になるのです。しかし、粒度の小さい土壌が用いられている場合は土壌固

化や通気性・透水性不足による裸地化が起こります。

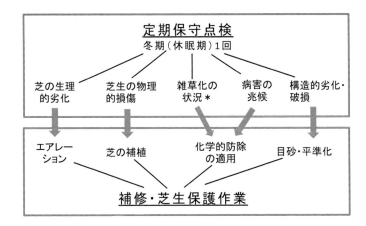

図15-1　芝生化駐車場に必要な定期保守点検項目と問題が確認された場合
　　　　の補修・芝生保護作業
　　　　＊雑草化の状況については夏期も行う。

2．芝生面の物理的損傷の点検

　駐車場の芝生は、車体の通行および駐車によって特定の部分が必ず機械的損傷を受けます。主な原因はタイヤによる擦り切れおよび駐車枡内でのエンジン熱による焼けです（図15-2）。目視で損傷の場所、大きさ、程度を調べて記録し、芝の自然生育での回復が望めず補植による修復が必要な部分を明らかにして、必要な芝材料の量や方法を判断する材料にします。また、芝地面には、土壌の沈下や流出、車両や人の出入、ミミズやアリなどの土壌小動物による排出土壌などによって凹凸（起伏）が出来てきます。特にタイヤ受けブロックや境界ブロックなどと芝生面との間に段差が生じやすく、これを放置すると、芝の刈込み作業に障害が生じることや雑草の草溜まりになるなど、芝生の生育を著しく阻害する原因になります。この凹凸の整斉作業を目砂入れといいますが、表土状態の点検とは、目砂入れを必要とする個所を特定することにあります。さらに、車止め、車輪受けブロック等の破損やゆがみについても同時に点検します。

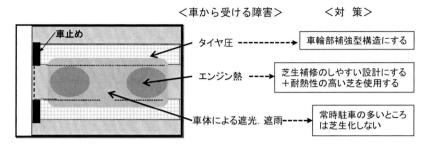

図15-2　駐車場芝生が受けやすい物理的損傷

3. 雑草化状況の点検

　芝地には必ず雑草が発生します。雑草の侵入は、種子などの繁殖体が芝ソッドや芝種子と共に持ち込まれる他に、①風で飛来、②降雨の表面掃流水による流入、③車や人間やペットに付着、④鳥や蟻に運ばれるなど多様なルートがあげられます。しかし、侵入したすべての雑草が定着するわけではなく、芝生の劣化した裸地の部分やブロックなどの構造物の隙間があれば定着します。つまり、芝生状況が良ければ定着の余地がなく雑草化は進みませんが、芝生が劣化していると雑草化が進行し、その結果芝生がさらに劣化するという悪循環が起こります。そうなると、ある部分は雑草を除去して再度芝植栽をしなければならなくなるだけでなく、駐車場芝生内に多くの雑草繁殖体（種子）が存在する状況になってしまい、発生する雑草の制御に多くのコストと労力を要することになります。したがって、雑草化の程度や様相を点検して迅速に対応することは、非常に重要なことです。

　駐車場芝地のような都市・市街域の粗放な芝生に多く発生し、かつ芝を駆逐する問題雑草は限られており、次のようなものが代表的な種類です（図15-3）。

　　マメ科：シロツメクサ（多年生）、カラスノエンドウ（一年生冬雑草）
　　　　　　ヤハズソウ（一年生夏雑草）
　　イネ科：メヒシバ（一年生夏雑草）、スズメノカタビラ（一年生冬雑草）、チ
　　　　　　ガヤ（多年生）
　　キク科：ヒメムカシヨモギ・ヒメジョオン等（一・二年生）、ヨモギ（多年生）
　　カヤツリグサ科：ハマスゲ（多年生）
　　一年生については、冬雑草は秋に発芽して春に開花・結実し、夏雑草は春に

開花して夏・秋に開花・結実します。また、多年生雑草は地上部が冬には見られないものが多いので、雑草の点検は冬季と夏季の2回必要で、上記の種類の発生量をチェックし、制御の必要な種類については対策を講じます。

＜マメ科＞

カラスノエンドウ　　ヤハズソウ　　シロツメクサ

＜イネ科＞

メヒシバ　　シマスズメノヒエ　　スズメノカタビラ

＜キク科＞

ヨモギ　　ヒメジョオン（ロゼット）　　オオアレチノギク

図15-3　芝生化駐車場で発生しやすい雑草

4．芝地の補修および保護作業

　本書応用編における駐車場芝生化技術の基本は、持続可能な芝地の形成およびその維持管理作業量の最小化にあります。したがって、駐車場芝地の維持管理において起こりうる障害を想定し、それを極力排除する設計になっています。しかし、5年、10年、芝地は生き物です。問題が起こってから慌てないために、ここに起こりうる問題とその対処について、現在、適用が可能で科学的に確立された技術を紹介しておきます。

　通気性の改善技術（エアレーション）：芝生の根は、床土の固化、床土の過湿化、透水性の悪化、有機物（枯死細根）の堆積などによって土壌中の酸素が欠乏すると衰退し枯死します。芝生面を損なうことなく、通気を図り、床土の働きを回復させて、芝生の若返りを図る技術がエアレーションです。エアレーションには以下のような手法があります。

- コアリング法：中空のタインを用い、床土の土壌を垂直に抜き取る。
- パンチング法：中空でないタインを用い、床土に垂直に穴をあける。
- スパイキング法：短く浅い切れ込みや、浅い穴を芝生表面にあける。
- 土壌注入法：高圧で空気または水を床土に注入し、土壌間隙をつくる。

　エアレーション後は、芝生面の均平し、巻き上がりや徒長改善のために目砂を擦り込み、転圧して終了です。

　損傷芝生の補修：損傷部分を切り取り張芝、撒き芝、挿し芝、ポット苗など、また種子のものは播種によって補修します。補修用の芝生は、可能な限り自給できるようにしておくことが大切です。バックヤードなどに予備の養生芝生があれば理想ですが、なければ健全な部分の芝生を利用します。

　目砂入れ：芝地の凹凸を修正し刈込みを容易にすることと同時に、芝生ほふく茎の露出や浮き上がりを防止し発芽発根を促す効果があります。また、肥料や土壌改良剤（パーライト、ゼオライト、バーミキュライト）を混入した目砂は、芝地の新しい培土の補給にもなり、芝地の被覆を向上させることにもなります。

　雑草の制御：一年生雑草は基本的に刈込によって制御できます。ただし、結実して種子を落とすまでに行うことが必須です。したがって、大半の夏雑草は適正な刈込をしていれば問題にはなりませんが、メヒシバは刈込むたびにほふく茎から再生し結実し続けるので、発生が多くなれば除草剤による対処が必

要になります。冬雑草では、スズメノカタビラは芝とさほど競合的ではなく問題ありませんが、カラスノエンドウ等大型の雑草は春の刈込み前に結実するので、同様に化学的防除が必要です。また、キク科一・二年草は風散布種子で侵入しますが、種子が微細なので芝生がしっかりしていれば通常定着する心配はありません。多年生雑草は一旦定着すると芝生を凌駕していきますが、そうなれば刈込みでは制御できないので、点検で定着しているのが確認されれば早期の化学的防除が肝要です。芝生除草剤には様々な種類や剤型が販売されていますが、駐車場芝地における雑草問題については、筆者の経験では以下の２剤のどちらかで充分に対応できます。なお、処理方法は発生部分へのスポット処理です。

・アージラン液剤（アシュラム剤）：発生後生育期のキク科一・多年生雑草、タデ科多年生雑草および一年生イネ科雑草に散布します。薬剤は葉から吸収され、地下茎部に移行し雑草を完全に枯死させることができます。ただし、枯死までに数週間かかるので効果がないと早とちりしないことが大切です。人畜毒性は極めて低く（塩・砂糖レベルの急性毒性値）、芝生用除草剤としては、現在最も普及している薬剤です。

・ターザインプロDF（イソキサベン・フロラスラム剤）：発生後のキク科一・多年生雑草、マメ科一・多年生雑草、その他の一年生広葉雑草を対象に散布します。前述のアージランほど遅効的ではありませんが、効果発現までに日数がかかります。本剤の特徴は、残効性があり冬季（発芽前から生育初期）の処理で広葉雑草全般の発生を抑えることができることです、すべての種類の芝に安全で、発生後と発生前のほとんどの広葉雑草に効果がある大変便利な薬剤ですが、イネ科の雑草には効果がありません。

　病害の防除：芝生に発生する病害は、芝生の種類によって様々ですが、駐車場芝生化に用いられる芝草は比較的病害の少ないC_4タイプのノシバが主体になります。ノシバ系の芝生が病害によって枯死するケースにリゾクトニア菌によるラージパッチ病（葉腐病）があります。発病原因は床土の過湿によりますので、枯死部分は排水性を良くし、殺菌剤を処理した後補植します。良く効く芝生殺菌剤は多くあるので適当に選んでください。なお、駐車場芝地でこの部分を放置すると降雨とともに蔓延し、芝生が全滅した例があるので注意が必要です。

　植物生長調整技術：芝生の生長を抑制する作用をもつ薬剤に、生長抑制剤と呼ばれるものがあります。この薬剤の用途は、芝生の生長を抑制することによって、刈込み回数の削減や芝刈カス量の軽減を図ることにあります。大面積のゴルフ場などと違って、駐車場芝地でのこの薬剤の適用に費用対効果は見られませんが、雑草を大きくしないで抑える、あるいは除草剤と呼ぶものは使いたくないという場合には、試してみても良いと思います（費用は考えずに）。市販されている植物成長抑制剤は、グリーンフィールド水和剤（フルプリミドール）、バウンテイフロアブル（パクロブトラゾール）、ショートキープ液剤（ビスピリバックナトリウム）が主な商品です。

　最後になりましたが、適切な芝地管理をしていても、芝生と生活型が類似し芝生の刈高よりも低い雑草種が定着してきます。これらの雑草種は芝地特有の淘汰圧に適応したともいえますが、これら草種が一年生の種類であれば、よほど蔓延しない限り防除の必要がないと考えられます。

あ と が き

　植物が私たちの日常生活に重要な役割を持っていることは、誰しも知っています。私たちの祖先は、アジアモンスーン気候の湿潤変動帯の環境下で、しかも国土の大半を山地がしめる日本列島において、土地と植物資源を豊かな暮らしに活用するために、どれだけ腐心し多くの知恵と労力を費やして‘手入れ’をしてきたことでしょうか。残念ながら、そのことを共有し理解する機会は、今日ほとんどありません。この無関心が、土地や植物資源を無秩序に改変・利用し、そして放棄する現在の文化を生む大きな要因になっていると考えられます。このため、豊かな表土と植生がもたらす環境・経済的‘ポテンシアル’が見殺しにされ、持続可能な生態系サービスの向上や低炭素社会への道筋と真逆の方向に進んでいます。私たちは高度経済成長期を境として、表土も植生もコンクリートで覆ってしまう世界へ急転したことがわかります。しかし、明らかな事実は、この転換前の永い時代もその後の数十年も、日本列島という同じ場所で活動してきたのは同じ日本人だということです。本稿をここまで読み進めてくださった方々も、あらためてこの現状を心に留めていただいたのではないかと思います。

　私たちは現在、国土の10％に過ぎない氾濫原に資産の75％を集中させ生活しています。これから先の気候変動や環境の不確実性下において、私たちは‘何を見直す必要があるのか’、が問われているのです。ここまで書き終えた時点で、各地を襲った台風19号（2019）の被害状況がマスメディアに大きく取り上げられていました。そこで目にする被害の光景は、河川の外水氾濫や山林の土砂崩れだけではなく、道路上の濁流、排水溝からの逆流水、家屋の浸水や車の冠水など内水氾濫による被害の大きさでした。これに加えて、掃流水によって拡散した土砂、スギ・ヒノキなどの流木、雑草の茎葉や根、ゴミ化した生活用品などの災害ゴミがまちなかを覆っていました。そして、舗装面や掃流ゴミの乾燥から生まれる粉塵が原因する結膜炎や呼吸器感染症が発生しました。

　これらの被害のすべてがまちの不透水化によるとはいえませんが、少なくとも大きく助長していることは間違いありません。もちろん、舗装駐車場を芝生化しても、改善できないことも多くあります。しかし、確かなことは、芝生化によって「降水を溜める」、「地中に炭素を溜める」、「太陽熱を溜めない」、「内

水に泥やゴミを溜めない」などまちの環境被害の抑止や減災につながることが沢山あります。少なくとも健康なまちづくりの実現に向けて、一人でも多くの関係者に、'芝生の力'を活かしてもらいたいという思いから、本書、「グラスパーキングの科学」としてまとめた次第です。

追記：本稿の校正作業のさなか、COVID-19（新型コロナウイルス）と呼ばれる生物的脅威が、気象や地理的条件に関わりなく全世界の都市を、そしてすべての人々を襲っています。日本でも全国に緊急事態宣言が発出されました。市民・住民の一人一人が，生活圏の生物的脅威に対し被害者と同時に加害者でもあるという事実に、今まさに直面しています。これがどのように終息しどんな未来が生まれるのか、明らかなのは、それは私たち各々の思考と行動にかかっているということです。

謝　辞

　本書の刊行は、駐車場芝生化の意義の広報と適切な整備の普及を目指すNPO法人グラスパーキング「駐車場芝生化」技術協会の、本当の意味でのスタートとなります。まずは、この実現までの長い道のりに変わらぬご支援を賜りました株式会社日笠建設、株式会社芝本商店、ゾイシアンジャパン株式会社、株式会社アーバンパイオニア設計、株式会社理研グリーン、京阪園芸株式会社、株式会社白崎コーポレーション、日本植生株式会社、世紀東急工業株式会社各位、ならびに当協会運営に多大のご尽力を下さいました寺田良幸氏に、衷心より感謝の意を表します。

　長沼和夫博士、阪中計夫氏および伊藤宏三氏には、駐車場芝生化について様々な有益な技術情報のご提供を頂き、本書の内容を高めることができました。また、著者らが駐車場芝生化に関わるきっかけとなった兵庫県グラスパーキング検証実験（平成17年〜22年）においては、伊藤裕文氏、橋本直樹氏をはじめ当時県土整備部技術企画課に在籍された皆様に大変お世話になりました。関係各位にこの紙面をおかりしてお礼申し上げます。

　最後になりましたが、本書を出版することができたのは、大阪公立大学共同出版会の八木孝司理事長ならびに足立泰二理事のご親切なご指導のおかげであり、ご両名に心より感謝申し上げる次第です。

参 考 文 献

Beard, J. B. 1973. Turfgrass Science and Culture. Prentice-Hall, NJ.

(有)千葉グリーン技研HP 2019. http://www.chibagreen.co.jp

江原薫 1970. 芝草と芝地. 養賢堂, 東京.

Forbes, J.C. and Watson, R.D. 1991. Plants and water. In "Plants in Agriculture", Cambridge University Press, NY. 32-61.

Forman, R.T.T. 2006. Land Mosaics, The Ecology of Landscapes and Regions. Cambridge University Press, UK.

Forman, R.T.T. 2014. Urban Ecology, Science of Cities. Cambridge University Press, UK

福岡義孝 2011. ホントに緑は猛暑を和らげられるか 植物気象学への誘い. 成文堂書店, 東京.

グラスパーキング兵庫モデル創造事業検証委員会 2010. グラスパーキング(芝生化駐車場)普及ガイドライン(案). https://web.pref.hyogo.lg.jp/ks04/documents/000149

ゴルフ場資材機材年鑑 2019. 一季出版, 東京.

兵庫県県土整備部企画局技術企画課 2007. グラスパーキング (芝生化駐車場) 実証実験の検証結果報告.

(財)兵庫園芸・公園協会 花と緑のまちづくりセンター 2011. 県民まちなみ緑化事業に関わる実態調査業務報告書.

伊藤裕文・橋本直樹・小野由紀子・伊藤操子・伊藤幹二 2008. 兵庫県における芝生化駐車場の普及と芝被覆調査を踏まえた考察. 芝草研究 37 (別 1 号):78-79.

伊藤操子 2009. 防草緑化ってなに? 防草緑化技術 1:6-9.

伊藤操子・伊藤幹二・伊藤裕文・橋本直樹 2009. 芝生化駐車場の普及と芝被覆維持に及ぼす施工設計の影響 ―兵庫県グラスパーキング推進事業からの考察― 芝草研究 37(別 1 号), 80-81.

伊藤操子・伊藤幹二 2009. 都市造成芝地における雑草の侵入と定着様式について ―芝生化駐車場を例に―. 芝草研究 38(別 1 号):118-119.

伊藤操子・伊藤幹二 2009. 駐車場芝生化:その意義と技術. 芝草研究 38(1):14-23.

伊藤操子 2011. 駐車場芝生化における '芝生化' とは. 特殊緑化の最新技術と動向:187-191. シーエムシー出版, 大阪.

伊藤操子・伊藤幹二 2011. 私たちのセンチピートグラス・セントオーガスチングラス ―集合住宅に適応して―. 草と緑 3:22-37.

伊藤幹二 2010. "緑地" とは:その問題点と取り扱い. 草と緑 2:9-16.

伊藤幹二 2011. 住みよいまちへグラスパーキングを科学する. 特殊緑化の最新技術と動向, 304-308. シーエムシー出版, 大阪.

伊藤幹二 2012. 雑草のリスクと管理のリスク：何のための管理か？ NPO法人緑地雑草科学研究所公開セミナー報告. 公園緑地と雑草：43-53.

伊藤幹二 2011. 都市の気候変動と深刻化する雑草問題. 草と緑 3：9-20.

伊藤幹二 2012. 草の歴史：時代が変えた緑地景観. 草と緑 4：19-30.

伊藤幹二 2013. '草' は表土を創り育む：日本人の忘れている大切なこと. 草と緑 5：6-27.

伊藤幹二 2014. '草' と '緑' に関わる不都合な真実：喪失する公益的環境機能. 草と緑 6：2-11.

伊藤幹二 2015. 持続可能な緑地生態系管理：雑草生物学の視点から. 草と緑 7：2-11.

伊藤幹二・伊藤操子 2018. 日本における草の利用史：先史時代から現代まで. グリーンニュース 100：19-26.

稲盛誠他 2007. 芝生の更新作業と管理機械. ソフトサイエンス社, 東京.

笠原三紀夫 2008. 大気と微粒子の話：エアロゾル化と地球環境. 京都大学出版会, 京都.

小林裕志・福山正孝 2002. 緑地環境学. 文永堂出版, 東京.

近藤三雄・伊藤英晶・高遠宏 1994. 公共緑地の芝生. ソフトサイエンス社, 東京.

国土交通省都市局街路交通施設課, 自動車駐車場年報平成28年度版.
http://www.milt.go.jp/common/001281104.pdf

（公財）国際交通安全学会編 2012. 駐車場からのまちづくり, 都市再生のために. 学芸出版社, 京都.

久馬一剛 2005. 土とはなんだろうか？ 京都大学学術出版会, 京都.

McCarty, L.B. 2011. Best Golf Course Management Practices. Prentice Hall, NJ.

モンゴメリー, デイビット（片岡夏実訳）2011. 土の文明史. 築地書館, 東京.

森山正和 2008. ヒートアイランドの対策と技術. 学芸出版社, 京都.

長沼和夫 2012. シバ（*Zoysia japonica* Steud）. 草と緑 4：31-34.

長沼和夫 2017. 芝生の世界 —基礎から応用まで—. 草と緑 9：22-26.

日本芝草学会 2001. 最新芝生・芝草調査法. ソフトサイエンス社, 東京.

Partrick, W. 1996. Permeable paving permits mall expansion in Connecticut. Turf Magazine, Feb. 1996. USA.

須賀丈・岡本透・丑丸敦史 2012. 草地と日本人. 日本列島草原 1 万年の旅. 築地書館, 東京.

淑　敏・日置佳之 2011. 緑化タイプの違いによる駐車場の熱環境改善効果の比較.

日本緑化工学会誌 37：318-329.

(財) 都市緑化技術開発機構特殊緑化共同研究会 2003. 知っておきたい屋上緑化の Q & A. 鹿島出版会，東京.

(財) 都市緑化機構グランドカバー・ガーデニング共同研究会 2013. 知っておきたい校庭芝生化のQ & A. 鹿島出版会，東京.

ヴィンス・バイザー（藤崎百合訳）2020. 砂と人類. 草思社，東京.

Turgeon, A.J. 1991. Turfgrass Management. Prentice Hall, NJ.

山田宏之 2011. 特殊緑化の最新技術と動向. シーエムシー出版，大阪.

山口隆子 2009. ヒートアイランドと都市緑化. 成山堂書店，東京.

Youmgner, V.B. and Mckell, O.M.（eds.）1972. The Biology and Utilization of Grasses. Academic Press, NY and London.

Ziska, L.H. & Dukes, J. S. 2011. Weed Biology and Climate Change. Willy-Blackwell USA.

ゾイシアンジャパン（株）天然芝総合カタログ2019. http://www.zoysian.co.jp

索　引

【企画団体の紹介】

名　称　特定非営利活動法人グラスパーキング「駐車場芝生化」技術協会
　　　　Turf-Paving Technology Association, Kobe

所在地（事務局）〒650-0046　神戸市中央区港島中町6丁目14番地、C-1602
　　　　　　　　TEL/FAX：078-302-2850
　　　　　　　　http://www.gp-gijutsu.net

代表者　伊藤操子（理事長）

沿　革　2006年3月　兵庫県グラスパーキング普及推進協議会発足
　　　　2010年7月　ひょうごグラスパーキング（駐車場芝生化）技術協会に名
　　　　　　　　　　称変更
　　　　2012年10月　グラスパーキング「駐車場芝生化」技術協会として法人
　　　　　　　　　　登録

事業活動

　近年の深刻な'まちの環境'劣化進行の現状、'まちの健康'の速やかな回復と改善の必要性、対策としての舗装の芝生化（グレー・インフラをグリーン・インフラに）の重要性を、市民、企業・団体等地域のすべての構成員で共有することで、これに寄与しうるグラスパーキング（駐車場芝生化）の実現を目指す。真に持続性のある芝生化駐車場の普及、それに必要な関連の科学・技術情報の発信、ならびに'まちの環境リスク'に対する社会の意識向上に向けての活動を行っている。

【著者紹介】

伊藤　幹二（いとう　かんじ）

マイクロフォレストリサーチ代表取締役、NPO法人グラスパーキング「駐車場芝生化」技術協会理事。
京都大学大学院農学研究科博士課程中途退学。同大学農学部、塩野義製薬、Eli Lilly社、Dow Chemical社において植物資源管理の事業開発に従事、2001年独立。NPO法人緑地雑草科学研究所理事、NPO法人兵庫県樹木医会理事を務める。
農学博士

伊藤　操子（いとう　みさこ）

京都大学名誉教授、NPO法人グラスパーキング「駐車場芝生化」技術協会理事長。
京都大学大学院農学研究科修士課程（果樹園芸学）修了。同大学農学部、付属農場、農学研究科において主に雑草学の研究・教育に従事、2005年定年退職後マイクロフォレストリサーチ取締役、NPO法人緑地雑草科学研究所理事を務める。
農学博士

OMUP

ＯＭＵＰの由来

大阪公立大学共同出版会（略称OMUP）は新たな千年紀のスタートとともに大阪南部に位置する５公立大学、すなわち大阪市立大学、大阪府立大学、大阪女子大学、大阪府立看護大学ならびに大阪府立看護大学医療技術短期大学部を構成する教授を中心に設立された学術出版会である。なお府立関係の大学は2005年４月に統合され、本出版会も大阪市立、大阪府立両大学から構成されることになった。また、2006年からは特定非営利活動法人（NPO）として活動している。

Osaka Municipal Universities Press (OMUP) was established in new millennium as an association for academic publications by professors of five municipal universities, namely Osaka City University, Osaka Prefecture University, Osaka Women's University, Osaka Prefectural College of Nursing and Osaka Prefectural College of Health Sciences that all located in southern part of Osaka. Above prefectural Universities united into OPU on April in 2005. Therefore OMUP is consisted of two Universities, OCU and OPU. OMUP has been renovated to be a non-profit organization in Japan since 2006.

まちの健康回復に芝生の力を活かす
グラスパーキングの科学

2020年６月５日　初版第１刷発行

著　者　　伊藤　幹二・伊藤　操子

発行者　　八木　孝司

発行所　　大阪公立大学共同出版会（OMUP）
　　　　　〒599-8531 大阪府堺市中区学園町1－1
　　　　　大阪府立大学内
　　　　　TEL　072 (251) 6533　FAX　072 (254) 9539

印刷所　　和泉出版印刷株式会社

ISBN978-4-909933-18-8